確率と情報の科学

乱数生成と計算量理論

甘利俊一　麻生英樹　伊庭幸人　編
確率と情報の科学

乱数生成と計算量理論

小柴健史

岩波書店

まえがき

　コンピュータによって乱数を生成するといった場合，2つのタイプのアルゴリズムが想起される．1つは，擬似乱数を生成するアルゴリズムで，擬似乱数の種と呼ばれる真のランダムビット列から，ランダムに見えるより長いビット列に伸張する方法である．もう1つは，乱数のように見える系列から真の乱数列を抽出する乱数抽出アルゴリズムである．

　擬似乱数生成アルゴリズムはさまざまな分野で用いられており，それぞれの分野で求める条件が異なっている．暗号分野においても擬似乱数生成アルゴリズムは利用されているが，要請される条件は最も厳しいものになっている．なぜならば，暗号理論の分野においては，既存の攻撃方法に対する耐性のみならず，未知の攻撃方法に対しても脆弱でないことが求められるからである．安全性を議論する手段はさまざま存在するが，1つの方法として計算量理論の観点からのアプローチを考えたい．

　本書の目的は，アルゴリズム的に乱数を生成する機構の背景にある数理について関心のある読者を想定して，乱数生成に関しての計算理論的な側面について解説することにある．乱数生成は計算量理論・情報理論・統計学の境界領域にあるが，諸分野が上手く融合して基礎理論が構成されている点を強調したい．特に，計算理論の観点から乱数生成の2つの側面，つまり，真の乱数から擬似乱数を生成する方法論と，擬似乱数から真の乱数を抽出する理論について解説を行い，乱数生成の計算理論的な視点を与えることを目指している．

　第1章では，なぜ擬似乱数生成を考えるのかということ，および，その背景について議論する．第2章では，擬似乱数に関する全般的な話題について触れる．そこで，線形合同法などの方式に関する問題点などについて考察する．第3章では，暗号学的擬似乱数生成法に関する理論について述べる．具体的には一方向性関数から暗号学的擬似乱数生成器を構成する方法について述べる．

　第4章では，具体的な暗号学的擬似乱数生成法について紹介する．また，

具体的な生成法が暗号学的擬似乱数生成法になっていることを示すための汎用的な証明手法について言及する．第 5 章では，話題を変えて乱数抽出器について述べる．技術的な点について言及するならば，乱数抽出器に用いられている技術は暗号学的擬似乱数生成器に用いられている技術とかなり共通しているといえる．乱数抽出器で用いる基本的性質といくつかの乱数抽出法について紹介する．

2014 年 10 月

小柴 健史

目　次

まえがき

第1章　なぜ擬似乱数生成なのか　1
1.1　物理と乱数 …………………………………………………… 2
1.2　アルゴリズムと乱数 ………………………………………… 3
1.3　暗号と乱数 …………………………………………………… 3
1.4　乱数抽出 ……………………………………………………… 5

第2章　擬似乱数生成　7
2.1　線形合同法の出力系列の非乱数性 ………………………… 9
　2.1.1　線形合同法に対する予測アルゴリズム：準備フェーズ …… 11
　2.1.2　線形合同法に対する予測アルゴリズム：予測フェーズ …… 16
2.2　上位ビットを出力する線形合同法 ………………………… 18
2.3　その他の擬似乱数生成法と予測可能性 …………………… 26
2.4　乱数性の統計的検定について ……………………………… 27

第3章　擬似乱数生成のための計算量理論　29
3.1　確率論の小道具 ……………………………………………… 30
　3.1.1　裾確率 …………………………………………………… 31
　3.1.2　多数決 …………………………………………………… 32
　3.1.3　数え上げの議論 ………………………………………… 33
　3.1.4　確率値の評価 …………………………………………… 34
　3.1.5　確率分布上の距離と混成分布の議論 ………………… 35
　3.1.6　和集合上界と包除原理 ………………………………… 37

3.2 一方向性関数 38
3.3 擬似乱数性と次ビット予測困難性 42
3.4 ハードコア述語 46
3.5 一方向性置換と擬似乱数 52
3.6 ハードコア関数 55
3.7 一方向性関数と擬似乱数 57
3.7.1 Kullback-Leibler 情報量 57
3.7.2 擬似エントロピー 59
3.7.3 一方向性関数から KL 予測困難 60
3.7.4 KL 予測困難から条件付き擬似エントロピーへ 63
3.7.5 条件付き擬似エントロピーから次ブロック擬似エントロピーへ ... 84
3.7.6 次ブロック擬似エントロピーから擬似ランダムへ 85

第4章 計算量理論的な擬似乱数生成法の具体的構成　97
4.1 具体的な擬似乱数生成法 98
4.1.1 擬似乱数生成の枠組み 101
4.2 具体的な関数におけるハードコア述語証明 102
4.2.1 準　備 102
4.2.2 学習を利用したリスト復号 107
4.2.3 リスト復号を利用したハードコア述語 109
4.2.4 数論的ハードコア述語 112
4.2.5 連続ビットのセキュリティ 119
4.2.6 可換群上の関数の重い Fourier 係数学習 120

第5章 乱数抽出器　129
5.1 準　備 130
5.2 諸定義 131
5.3 限界と可能性について 132
5.4 ハッシュ平滑化補題 137

5.5	一般の乱数抽出器	141
5.6	決定性乱数抽出器	142
	5.6.1　複数の独立な情報源からの乱数抽出	142
	5.6.2　ビット固定ソースからの乱数抽出	143

参考文献　147

索　引　153

装丁　蛯名優子

1

なぜ擬似乱数生成なのか

擬似乱数生成がなぜ必要なのか，どのような役に立っているのかを概観し，物理学，アルゴリズム論，暗号理論の観点から擬似乱数がどのように関わっているのかを見ていく．また，擬似乱数生成と相補的なアルゴリズムの乱数抽出法についても触れる．

乱数列とは何の規則性も持たないような数列であり，一方，アルゴリズムとは目的をコンピュータ上で実現するための手続きであり，その動作は決定的である．これは，アルゴリズムによって乱数列を生成することは原理的に不可能であることを意味している．しかしながら，現実のプログラミングにおいてわれわれは乱数関数を利用することもある．これは，真の意味では乱数ではないが乱数のように見えるもの「擬似乱数」は，アルゴリズムで生成できることを例証している．ただし，擬似乱数には種と呼ばれる少量の真の乱数が必要であり，その種をどのように与えるのかという問題は残されている．

「見える」という言葉は「本物と識別できない」で言い換えられるが，この言葉は極めて主観的である．「識別できない」という言葉は識別しようとする主体の能力に依存するし，その主体が「本物とは何か」をどのように捉えているかにも依存する．つまり，擬似乱数を客観的に定義するためには，本物の乱数とは何かを形式的に定義し，識別する主体の能力を規定する必要がある．特に，真の乱数に対する汎用的な定義を与えることは難しく，そのため，擬似乱数の定義も分野によって多様である．

1.1 物理と乱数

この節では，乱数あるいは擬似乱数が如何に重要なのかを見てみたい．物理学はわれわれが暮らしている世界がどのような理論のもとで動いているのかを説明しようとする学問であり，理論体系が正しければ天体の将来の位置予測を始めとしてさまざまな事象を予測できるものと信じられてきた．これに対して，量子力学においては，諸事象を説明するのに本質的に乱数的な要素が含まれている．また，自然現象などのモデル化にもノイズという名前で乱数成分が考慮されるのが一般的である．乱数を用いたモデルを用いて物理現象や自然現象をシミュレーションすることにより，さまざまな予測が可能となってきている．そのコンピュータシミュレーションのためには，コンピュータによる乱数生成が必要であり，質のよい乱数生成法が不可欠である．

コンピュータシミュレーションを行うには擬似乱数生成ではなく乱数生成でも十分な場合があるが，擬似乱数を用いるとよい場合もある．擬似乱数は，種

と呼ばれる初期値を同一に定めれば，そこから得られる擬似乱数系列も同じとなる特長がある．シミュレーション結果を検証することが必要な場合には，擬似乱数を用いるときの種を保管しておくことにより，同じ結果を得ることができるのである．

1.2 アルゴリズムと乱数

前述したように，アルゴリズムといった場合，通常は決定性アルゴリズムのことを指し，その動作にランダムな要素は存在していない．それに対して内部で乱数を利用するアルゴリズムのことを乱択アルゴリズムと呼ぶ．コンピュータシミュレーションも乱択アルゴリズムの一種である．自然現象のように本質的に乱数を含んでいるモデルをシミュレーションするには乱択アルゴリズムを用いるのは自然であるが，解くべき問題に乱数的な要素がないのにもかかわらず，決定性アルゴリズムよりも乱択アルゴリズムを考慮する場合がある．この場合に乱択アルゴリズムを考慮するということは，アルゴリズムの動作が確率的になるということを意味している．そのため，アルゴリズムの出力が正解ではなかったり，計算時間が確率的に変動するということが起こりえる．それでも，乱択アルゴリズムを考えるのは，乱択アルゴリズムのほうが決定性アルゴリズムよりも高速に動作したり，アルゴリズム設計が容易であったりする場合があるからである．アルゴリズムの出力が誤っていたら使い物にならないと思うかもしれないが，誤り確率が非常に小さい状況では，実用上問題にはならない．決定性アルゴリズムを動作させるコンピュータにおいて，オペレーティングがシステム異常で停止したり，ハードウェアそのものが故障する可能性も常に存在している．そのようなトラブルが発生する確率よりもアルゴリズムが誤る確率がはるかに小さいとしたら，アルゴリズムの誤り確率を気にする必要があるだろうか？

1.3 暗号と乱数

暗号理論の分野において，暗号システムの安全性は，従来から知られている

既存の攻撃方法に対して耐性を持つことだけでは不十分である．多くの場合，未知の攻撃方法に対しても脆弱でないことが求められる．暗号システムで利用される擬似乱数も暗号システム同様に，既存の攻撃手法に加えて未知の攻撃手法に対しても，擬似乱数列と真の乱数列とが識別されてはならないことが要求される．このような安全性要求は達成不可能に思われるかもしれない．そこで，計算量理論的な暗号分野では，ある種の計算問題が困難であるという前提を導入することにより安全性を保証するという立場をとっている．例えば，暗号システムが解読されると仮定したとき，前提となっている計算問題を効率的に解けてしまうことを証明できたとしよう．前提である計算問題が困難であるということと矛盾してしまってはいけないので，暗号システムが解読できないと結論されることになる．

　暗号で利用される代表的な計算困難問題として素因数分解問題がある．2つの大きな素数の積が与えられたとき，その積を計算することは容易であるが，逆にその積を素因数分解することは難しい，という性質がある．この計算効率の非対称性が暗号システムの構築の要になっている．この非対称性を一般化した概念に一方向性関数がある．一方向性関数とは関数の評価は効率的に行うことができるが，関数値から逆像を求めることは計算困難であるような関数である．一方向性関数が存在するか否かは理論計算機科学における主要な未解決問題の1つであり，同じく未解決問題の $\mathbf{P} \neq \mathbf{NP}$ 予想問題と密接にかかわっている．計算量理論的な暗号理論においては，一方向性関数が存在することを最弱の前提として（さらに弱い仮定である $\mathbf{P} \neq \mathbf{NP}$ を前提とするという動向もあるが）研究がすすめられている．

　暗号システムには，通常，鍵と呼ばれるパラメータがある．多くの場合，鍵の情報が第三者に漏洩した場合，安全性に影響を与える．そのため，鍵の情報が類推されにくいように，擬似乱数生成を用いて鍵生成するのが一般的である．擬似乱数生成は，鍵生成のためだけに用いられているわけではなく，暗号システムの至るところで利用されている．例えば，現代暗号理論の重要な要素技術として公開鍵暗号とデジタル署名があるが，そのなかで必須の技術として擬似乱数が用いられている．代表的な公開鍵暗号であるRSA暗号の暗号化は決定性であるが，RSA暗号を単体で利用することは実際にはなく，乱数的な

要素を加味した修正方式が利用されている．暗号化が乱択アルゴリズムによって計算されるということは，1つのメッセージに対して暗号文が一意に決定しないということを意味しているが，逆に1つのメッセージに対して複数の暗号文があるという事実が公開鍵暗号の安全性を強化しているのである．現代暗号理論の進展により，決定性暗号化アルゴリズムは安全性が不十分であることがわかっており，現代的は意味での安全性を達成するためには乱択アルゴリズムが不可欠になっているのである．公開鍵暗号のみならず，多くの暗号システムは擬似乱数生成の精度に大きく依拠しているのである．

暗号分野で利用される擬似乱数生成法に求められる要件は，コンピュータシミュレーションや乱択アルゴリズムで利用される擬似乱数に求められるものよりも強いものとなっている．本書における擬似乱数生成は，暗号システムの中で利用できる生成方法についてである．1981年にShamirによって，暗号学的擬似乱数の考え方が見出されたが，彼の定式化は必ずしも十分なものではなかった．その後，BlumとMicaliによって最初の暗号学的擬似乱数生成法が提案された．彼らの方式そのものは，今日的な意味での擬似乱数生成法となっているが，Yaoによって暗号学的擬似乱数生成器の定義が与えられ，その理論が十分に成熟するのを待つ必要があった．それでも，BlumとMicaliが今日的な擬似乱数生成器を構成するための基本形を与えているという功績は大きく，その基本形はBlum-Micali-Yaoパラダイムとも呼ばれている．

1.4　乱数抽出

さて，冒頭で，真の乱数列はコンピュータで生成できないと述べた．自然界にはランダムのように見える現象は数多く存在し，そこから乱数列を取り出そうというアプローチが存在する．このようにして取り出される乱数は物理乱数と呼ばれている．物理乱数の生成プロセスは以下のようになっている．まず，ランダムに見える現象から，データをサンプリングする．得られるデータは一般にアナログ情報であり，デジタル情報に変換する．さらに，変換されたデジタル情報を一様乱数に変換する．この最後の処理は純粋にアルゴリズム的な処理である．このような処理は，物理乱数に特有なものではなく，さまざまな分

野で利用されている技術でもある．古くは von Neumann による方法として，独立であるがバイアスのある乱数系列から一様乱数系列を取り出す方法が知られている．

　理論計算機科学においても，同様にその技術が散見される状況であったが，1996 年に Nisan と Zuckerman が「乱数抽出器」の形式的な定義を与えてから，その可能性と限界について理論的に研究されるようになった．乱数抽出器を簡単に言うと，エントロピーの高い情報源からほぼ一様な乱数を抽出するアルゴリズムのことであるが，残念なことに任意の高エントロピーな情報源に対する万能な決定性乱数抽出器は存在しないことが知られている．物理乱数の観点からすると用いる情報源に対しての何らかの先験的知識を仮定できるので，決定性乱数抽出器に対して必ずしも万能性を求める必要はない．情報源のクラスを限定することにより，その情報源に対する決定性乱数抽出器が知られているケースもある．一方で，乱数抽出器に確率的な動作を許せば，万能な乱数抽出器が存在することも知られている．ただし，擬似乱数の種をどうするかという問題と同じ問題に直面することになる．

2

擬似乱数生成

擬似乱数生成法の一般的な枠組みを与える．この枠組みの中で，広く利用されている線形合同法の性質を考察する．線形合同法は暗号用途としては不向きであることはよく知られているが，どのような意味で不向きなのかを詳細に議論する．

乱数の代替として利用されるものを擬似乱数と呼ぶことにして，本章ではその擬似乱数をコンピュータで生成する方法について考察する．モンテカルロシミュレーションを含め，乱択アルゴリズムにおいて乱数を利用する場合，一度に大量に乱数を使うというよりも，むしろ少しずつ何度も利用するという形態が多い．このことから，擬似乱数を以下のように生成するのが一般的である．

$$(2.1) \quad S^{(i)} = f_1(S^{(i-1)})$$
$$(2.2) \quad R^{(i)} = f_2(S^{(i)})$$

ここで $S^{(i)}$ は i 番目の内部状態を表し，$R^{(i)}$ は i 番目の出力を表す．内部状態に対して逐次的に関数 f_1 を施すことにより，内部状態を $S^{(0)}$ から $S^{(1)}$ へ，$S^{(1)}$ から $S^{(2)}$ へのように次々と更新していき，i 番目の内部状態 $S^{(i)}$ に関数 f_2 を適用することにより i 番目の出力 $R^{(i)}$ を得る．つまり，擬似乱数生成アルゴリズムは，$S^{(0)}$ を初期値として，擬似乱数列

$$R^{(1)}, \ R^{(2)}, \ R^{(3)}, \ \cdots$$

を出力する．初期値 $S^{(0)}$ を擬似乱数の種と呼び，関数 f_1 を更新関数，関数 f_2 を出力関数と呼ぶ．本書では，更新関数および出力関数の定義域・値域は有限な空間であるものと仮定する．つまり，内部状態空間も有限[*1]となり，必然的に擬似乱数列は周期的になる．

線形合同法と呼ばれる擬似乱数生成法は，式(2.1)および(2.2)の記法を用いると線形合同法の更新関数 f_1^{lcg} および出力関数 f_2^{lcg} は以下のように記述できる．

$$f_1^{\mathrm{lcg}}(S) \stackrel{\mathrm{def}}{=} aS+b \bmod m$$
$$f_2^{\mathrm{lcg}}(S) \stackrel{\mathrm{def}}{=} S$$

ここで，a, b, m は線形合同法が定めるパラメータである．線形合同法は簡易な擬似乱数生成法として多用されているが，線形合同法で生成される系列は真の乱数列とは明らかに異なる．この点については後述する．

[*1] 更新関数をコンピュータ上で計算しないような環境では，内部状態空間が無限となる場合も考えられるが，それは本書の対象外とする．

式(2.1)は，次の内部状態が直前の内部状態から決定することを示している．より一般的に考えて，k ステップ前の内部状態から次の内部状態が決定することを考慮したいかもしれない．例えば，

$$S^{(i+k)} = a_k S^{(i+k-1)} + a_{k-1} S^{(i+k-2)} + \cdots + a_1 S^{(i)} + a_0$$

のような形で内部状態が決定しているとしよう．この場合でも，

$$\bar{S}^{(i)} = (S^{(i+k-1)}, S^{(i+k-2)}, \cdots, S^{(i)})$$

とおくことで，$\bar{S}^{(i+1)}$ は $\bar{S}^{(i)}$ から決定されると考えることができる．この $\bar{S}^{(i)}$ を内部状態とみなすことにより，擬似乱数生成は依然として式(2.1)および(2.2)で表現されると考えることができる．つまり，式(2.1)および(2.2)で表現される擬似乱数生成法は十分一般的であり，本書では，このタイプの擬似乱数生成法のみを扱う．

以下では，線形合同法の出力系列の非乱数性について述べる．特に，線形合同法においては下位ビットの乱数性が低いことが知られているが，上位ビットのみを出力するような線形合同法の出力系列の非乱数性についても述べる．また，擬似乱数生成法の出力系列の乱数性を確認する手法として統計的検定が利用されることが多いが，乱数性の統計的検定について簡単に言及する．

2.1 線形合同法の出力系列の非乱数性

線形合同法は，内部状態をそのまま出力する擬似乱数生成法の1つである．線形合同法を定めるパラメータ a, b, m が未知であるとしても，その系列の初期系列から残りの系列が推測できることを見ていく．簡単な場合として，法 m が既知で a, b が未知である場合について考えよう．線形合同法の出力系列の最初の3つ $S^{(1)}, S^{(2)}, S^{(3)}$ は

$$S^{(2)} \equiv aS^{(1)} + b \bmod m$$
$$S^{(3)} \equiv aS^{(2)} + b \bmod m$$

を満たす．このとき，

$$(S^{(2)}-S^{(1)})a \equiv S^{(3)}-S^{(2)} \bmod m$$

を解けば，a を求めることができる．ただし，解は一意とは限らないので，求めた解の1つを $\hat{a}$ とすると，b の候補 $\hat{b}$ は

$$\hat{b} = S^{(2)} - \hat{a}S^{(1)} \bmod m$$

と計算される．具体的な方法は，後述する方法に含まれるのでここでは言及しない．では，法 m が未知の場合はどうすればよいだろうか．

以下では，線形合同法のパラメータ a, b に加えて m も未知の場合について，線形合同法の出力の初期系列からそれ以後の系列を推測する方法の1つを紹介する．

まず，系列

$$\langle X^{(i)} \rangle_{i \geqq 1} \stackrel{\text{def}}{=} X^{(1)}, X^{(2)}, \cdots$$

に対する予測アルゴリズムの一般的な定義を与える．予測アルゴリズム $\mathcal{P} = (\mathcal{P}_1, \mathcal{P}_2)$ は準備フェーズ $\mathcal{P}_1$ と予測フェーズ $\mathcal{P}_2$ からなり，予測アルゴリズムの準備フェーズ $\mathcal{P}_1$ では，$X^{(1)}, X^{(2)}, \cdots, X^{(t)}$ を入力とし，予測フェーズで最初に利用する初期仮説 h を $\mathcal{P}_2$ へ受け渡す．予測アルゴリズムの予測フェーズ $\mathcal{P}_2$ はオンラインアルゴリズムとして動作する．具体的に述べると，$\mathcal{P}_2$ には $X^{(t+1)}, X^{(t+2)}, \cdots$ が逐次的に与えられるが，$i (\geqq 1)$ 番目の予測 ($X^{(t+i)}$ の予測) は，$X^{(t+i)}$ を受け取る前に，$\mathcal{P}_2$ が保持している仮説にもとづいて行う．予測後に $X^{(t+i)}$ を受け取り，予測が誤っていた場合は仮説を更新し，系列の次の値 $X^{(t+i+1)}$ の予測に備える．以下，この予測プロセスを無限に繰り返す．

予測アルゴリズムの良さは，準備フェーズの良さと予測フェーズの良さで決定される．準備フェーズの良さは，準備フェーズ $\mathcal{P}_1$ が必要とするデータ数 t と初期仮説 h の計算時間で測るものとする．また，予測フェーズ $\mathcal{P}_2$ に対しては，仮説の更新回数と，更新に必要な計算時間で測るものとする．

本節では線形合同法に対する予測アルゴリズムを述べることになるが，

- その準備フェーズでは，線形合同法の初期系列 $S^{(1)}, S^{(2)}, \cdots, S^{(t)}$ からパラメータに対する初期仮説 $h = (\hat{a}, \hat{b}, \hat{m})$ を効率的に計算する．ただし，$\hat{a}$,

$\hat{b}, \hat{m}$ は線形合同法のパラメータ a, b, m に対する仮説である.
- 予測フェーズでは，必要に応じて $\hat{m}$ の更新を効率的に行う．$\hat{m}$ は常に m の倍数であり，予測が失敗するたびに $\hat{m}$ は m へ近づいていく．

2.1.1　線形合同法に対する予測アルゴリズム：準備フェーズ

無限系列 $\langle S^{(i)} \rangle_{i \geq 1}$ は，パラメータ a, b, m の線形合同法で生成される，つまり，任意の $i \geq 1$ に対して $S^{(i+1)} = (aS^{(i)} + b) \bmod m$ と計算されるものとする．また，自然な制限として $m > \max(1, S^{(1)}, a, b)$ を仮定する．

われわれはいま，$\langle S^{(i)} \rangle_{i \geq 1}$ から a, b, m を予測する問題を考えているが，われわれが考えている予測問題はより簡単な予測問題に帰着できることを見ていこう．まず，任意の $i \geq 2$ に対して，

$$T^{(i)} \stackrel{\text{def}}{=} S^{(i)} - S^{(i-1)}$$

とおき，無限系列 $\langle T^{(i)} \rangle_{i \geq 2}$ を考える．各 $T^{(i)}$ は $\bmod\, m$ 上の数ではない，つまり，負の数にもなり得ることに注意されたい．このとき，$S^{(i+1)} \equiv (aS^{(i)} + b) \bmod m$ と $S^{(i)} \equiv (aS^{(i-1)} + b) \bmod m$ が成立するので $S^{(i+1)} - S^{(i)} \equiv a(S^{(i)} - S^{(i-1)}) \bmod m$ が導けて，任意の $i \geq 2$ に対して

$$T^{(i+1)} \equiv aT^{(i)} \bmod m$$

が成立する．以下に示す補題より，$\langle S^{(i)} \rangle_{i \geq 1}$ からパラメータ a, b, m に対する仮説を計算する問題は，$\langle T^{(i)} \rangle_{i \geq 2}$ からパラメータ a, m に対する仮説を計算する問題に帰着されることがわかる．

補題 2.1　s を $s \geq 2$ を満たす整数とする．$2 \leq j \leq s$ を満たす任意の整数 j に対して，$T^{(j+1)} \equiv \hat{a} T^{(j)} \bmod \hat{m}$ が成立すると仮定する．このとき，$\hat{b} = S^{(2)} - \hat{a} S^{(1)}$ とおくことで，$1 \leq j \leq s$ を満たす任意の整数 j に対して，$\hat{a} S^{(j)} + \hat{b} \equiv S^{(j+1)} \bmod \hat{m}$ が成立する．　□

［証明］　ある整数 $s \geq 2$ で，$2 \leq j \leq s$ を満たす任意の整数 j に対して，$T^{(j+1)} \equiv \hat{a} T^{(j)} \bmod \hat{m}$ が成立すると仮定する．いま，整数 j は $1 \leq j \leq s$ を満たすとする．このとき，

$$\hat{a}S^{(j)}+\hat{b}-S^{(j+1)} = \hat{a}S^{(j)}+(S^{(2)}-\hat{a}S^{(1)})-S^{(j+1)}$$
$$= \hat{a}(S^{(j)}-S^{(1)})-(S^{(j+1)}-S^{(2)})$$
$$= \hat{a}\sum_{k=1}^{j}T^{(k)}-\sum_{k=1}^{j}T^{(k+1)}$$
$$= \sum_{k=1}^{j}(\hat{a}T^{(k)}-T^{(k+1)})$$
$$\equiv 0 \bmod \hat{m}$$

よって，$1 \leqq j \leqq s$ を満たす任意の整数 j に対して $\hat{a}S^{(j)}+\hat{b}\equiv S^{(j+1)} \bmod \hat{m}$ が成立する. ∎

前述のように，線形合同法に対する予測アルゴリズムは準備フェーズと予測フェーズから構成されるが，まず，準備フェーズのアイデアを示す．

$\langle T^{(i)}\rangle_{i\geqq 2}$ は法 m の下での等比数列であるが，初期系列は整数上でも等比数列になっている可能性があり，この性質を利用する．いま，$(T^{(2)}, T^{(3)}, \cdots, T^{(j)})$ がそのような初期系列とする．このとき，$aT^{(2)}-T^{(3)}\equiv 0 \bmod m$ および $aT^{(j)}-T^{(j+1)}\equiv 0 \bmod m$ が成立する．これらより，$T^{(3)}T^{(j)}-T^{(2)}T^{(j+1)}\equiv 0 \bmod m$ が導かれるが，一方で，整数上で等比数列になっているのは j までなので $T^{(j+1)}\neq (T^{(3)}/T^{(2)})T^{(j)}$ がいえて，$T^{(3)}T^{(j)}-T^{(2)}T^{(j+1)}$ は m の非ゼロの倍数となる．以下の命題は，$\hat{m}$ が m の倍数であるとき，$\hat{a}T^{(2)}\equiv T^{(3)} \bmod \hat{m}$ を満たす任意の $\hat{a}$ は，元々の a の代替として利用できることを示している．

補題 2.2 $\hat{m}\neq 0$ を m の倍数であるとし，$\hat{a}T^{(2)}\equiv T^{(3)} \bmod \hat{m}$ とすると，任意の整数 $i\geqq 2$ に対して，$\hat{a}T^{(i)}\equiv T^{(i+1)} \bmod m$ が成立する． □

［証明］証明は i に関する帰納法による．もし $\hat{a}T^{(2)}\equiv T^{(3)} \bmod \hat{m}$ ならば，$\hat{a}T^{(2)}\equiv T^{(3)} \bmod m$ が成り立つ．もし $\hat{a}T^{(j)}\equiv T^{(j+1)} \bmod m$ ならば，$\hat{a}aT^{(j)}\equiv aT^{(j+1)} \bmod m$ であり，$\hat{a}T^{(j+1)}\equiv T^{(j+2)} \bmod m$ がいえる．よって，任意の整数 $i\geqq 2$ に対して $\hat{a}T^{(i)}\equiv T^{(i+1)} \bmod m$ が成立する． ∎

上述の方法で，m の倍数の $\hat{m}$ を見つけた後，a を探しに行けばよいが 1 つ問題がある．a を導出するには $aT^{(2)}\equiv T^{(3)} \bmod \hat{m}$ を解けばよいが，$\gcd(T^{(2)}, \hat{m})$ が $T^{(3)}$ を割り切らない場合，解が存在しない．例えば，$S^{(1)}=0$, $a=3$, $b=36$, $m=49$ のとき，$T^{(2)}=36$, $T^{(3)}=10$, $T^{(4)}=-19$, $(T^{(3)})^2-$

2.1 線形合同法の出力系列の非乱数性 ◆ 13

$T^{(2)}T^{(4)}=784$ となるが $36a\equiv 10 \bmod 784$ には解が存在しない．可解性を保証するためには，余分な因子を除去していけばよく，上述したアイデアをもとに予測アルゴリズムの準備フェーズ $\mathcal{P}_1^{\text{lcg}}$ を記述すると以下のようになる．

Algorithm 1　線形合同列予測：準備フェーズ $\mathcal{P}_1^{\text{lcg}}$
---

    if $T^{(2)}=0$ **then**
        $\hat{a} \leftarrow 1$
    else
      if $T^{(2)} | T^{(3)}$ **then**
        $\hat{a} \leftarrow T^{(3)}/T^{(2)}$
      else
        $g \leftarrow \gcd(T^{(2)}, T^{(3)})$
        $C_1 \leftarrow T^{(2)}/g$
        $C_2 \leftarrow T^{(3)}/g$
        $i \leftarrow 2$
      while $(C_2 T^{(i)} = C_1 T^{(i+1)})$ **do**
        $i \leftarrow i+1$
      end while
      $\hat{m} \leftarrow |C_2 T^{(i)} - C_1 T^{(i+1)}|$
      repeat
        $m' \leftarrow \gcd(C_1, \hat{m}/\gcd(\hat{m}, g))$
        $\hat{m} \leftarrow \hat{m}/m'$
      until $m'=1$
      /* $(C_1)^{-1}$ は $\bmod (\hat{m}/\gcd(\hat{m},g))$ での C_1 の乗法に関する逆元 */
      $\hat{a} \leftarrow (C_1)^{-1} C_2 \bmod \hat{m}$
    end if
    end if
    $\hat{b} \leftarrow S^{(2)} - \hat{a} S^{(1)} \bmod \hat{m}$

予測アルゴリズムの準備フェーズ $\mathcal{P}_1^{\text{lcg}}$ において $\hat{m}$ は m の倍数である必要がある．これを保証するために以下の補題を利用する．

補題 2.3 $rx \equiv s \bmod m$ を仮定し,$q \neq 0$ を m の倍数とする.$f = \gcd(r, s)$ とすると,$q/\gcd(r/f, q/\gcd(q, f))$ は m の倍数である. □

[証明] 証明にあたり,最大公約数に関する以下の事実を用いる.

事実. 任意の整数 a,b,c に対して,$\gcd(ab, c) = \gcd(b, c) \cdot \gcd(a, c/\gcd(b, c))$ が成立する.

$rx \equiv s \bmod m$ と $\gcd(r, s) = f$ が成り立つとする.$\gcd(r, s) = f$ より,

$$r = c_r f, \quad s = c_s f, \quad \gcd(c_r, c_s) = 1$$

とおける.また,$\gcd(m, f) = f'$ とすると,

$$f = c_f f', \quad m = c_m f', \quad \gcd(c_m, c_f) = 1$$

とおける.このとき,

(2.3)
$$\gcd\left(\frac{r}{\gcd(m, f)}, \frac{m}{\gcd(m, f)}\right) = \gcd\left(\frac{c_r f}{f'}, \frac{c_m f'}{f'}\right) = \gcd(c_f c_r, c_m)$$

が成り立つ.

次に,$\gcd(c_r, c_m) = 1$ となることを確認しよう.仮に $\gcd(c_r, c_m) = d > 1$ とする.$rx \equiv s \bmod m$ より $c_r c_f x \equiv c_f c_s \bmod c_m$ がいえて,$c_f c_s$ は因子 d を持つことになる.仮に $\gcd(c_s, d) > 1$ の場合,$\gcd(c_r, c_s) = 1$ に矛盾する.仮に $\gcd(c_f, d) > 1$ の場合,$\gcd(c_f, c_m) = 1$ に矛盾する.よって,$\gcd(c_r, c_m) = 1$ となる.

$\gcd(c_r, c_m) = 1$ と $\gcd(c_f, c_m) = 1$ より $\gcd(c_f c_r, c_m) = 1$ が成り立ち,式(2.3)の値は 1 となる.このことから

(2.4)
$$\gcd(r/f, m/\gcd(m, f)) = 1$$

が導かれる.

ある整数 k に対して $q = km$ であり,以下が成立する.

$$q/\gcd(r/f, q/\gcd(q,f))$$
$$= km/\gcd(r/f, km/\gcd(km,f))$$
$$= km/\gcd(r/f, km/(\gcd(m,f)\cdot\gcd(k,f/\gcd(m,f))))$$
$$= km/\gcd(r/f, k/\gcd(k,f/\gcd(m,f)))$$
$$= k'm$$

ただし，k' は k の約数である．また，上式の 2 番目の等号は，証明の冒頭で述べた事実により，3 番目の等式は，式(2.4)による．以上より，$q/\gcd(r/f, q/\gcd(q,f))$ は m の倍数である． ∎

系 2.4 $\hat{m}\neq 0$ を m の倍数とすると，$\hat{m}/\gcd(C_1, \hat{m}/\gcd(\hat{m}, g))$ も m の倍数である． □

さて，予測アルゴリズムの準備フェーズ $\mathcal{P}_1^{\text{lcg}}$ の正当性について議論しよう．

定理 2.5 予測アルゴリズムの準備フェーズ $\mathcal{P}_1^{\text{lcg}}$ は，$i \geqq 1$ に対して $S^{(i+1)} \equiv \hat{a}S^{(i)} + \hat{b} \bmod m$ を満たすような $\hat{a}$ と $\hat{b}$ を計算する．このとき，アルゴリズムが用いる初期系列のサイズは高々 $\lceil \log_2 m \rceil + 2$ であり，実行時間も $\log_2 m$ の多項式時間である．以下，特に断らない限り log の底は 2 とする． □

[証明] $T^{(2)}=0$ あるいは $T^{(2)}$ が $T^{(3)}$ の約数の場合，$\hat{a}T^{(2)} \equiv T^{(3)} \bmod m$ であり，補題 2.2 より，$i \geqq 2$ に対して $\hat{a}T^{(i)} \equiv T^{(i+1)} \bmod m$ が成立する．補題 2.1 より，$i \geqq 1$ に対して $S^{(i+1)} \equiv \hat{a}S^{(i)} + \hat{b} \bmod m$ が成立する．

$T^{(2)}\neq 0$ かつ $T^{(2)}$ が $T^{(3)}$ の約数でない場合は，準備フェーズ $\mathcal{P}_1^{\text{lcg}}$ の構成より，ある t で，$C_2 T^{(t)} \neq C_1 T^{(t+1)}$ かつ $2 \leqq i < t$ を満たす任意の整数 i に対して $C_2 T^{(i)} = C_1 T^{(i+1)}$ を仮定できる．一方で，$aT^{(t)} \equiv T^{(t+1)} \bmod m$ なので $(T^{(2)}/g)aT^{(t)} \equiv C_1 T^{(t+1)} \bmod m$ が成り立つ．ここで，$v=(aT^{(2)}-T^{(3)})/m$ とおくと，$\left(\dfrac{T^{(3)}+vm}{g}\right)T^{(t)} \equiv C_1 T^{(t+1)} \bmod m$ と書けて，$C_2 T^{(t)} \equiv C_1 T^{(t+1)} - \left(\dfrac{vT^{(t)}}{d\hat{g}}\right) m \bmod m$ と書ける．また，$\hat{g}=\gcd(g,m)$ とし，$d=g/\hat{g}$ とおこう．このとき，d は v の約数で，$\hat{g}$ は $T^{(t)}$ の約数なので，$C_2 T^{(t)} \equiv C_1 T^{(t+1)} \bmod m$ となる．よって **repeat** ループに入る前の $\hat{m}>0$ は m の倍数であり，系 2.4

より，repeat ループ内の $\hat{m}$ は m の倍数であり続け，repeat ループ後の $\hat{m}$ も m の倍数となる．

次に，アルゴリズムが計算する $\hat{a}$ について検証しよう．$\hat{a}T^{(2)} \equiv T^{(3)} \bmod \hat{m}$ かつ $\hat{m}$ は m の倍数なので，補題 2.2 より，$i \geq 2$ に対して $\hat{a}T^{(i)} \equiv T^{(i+1)} \bmod m$ が成立する．補題 2.1 より，$i \geq 1$ に対して $S^{(i+1)} \equiv \hat{a}S^{(i)} + \hat{b} \bmod m$ が成立する．

$T^{(2)}=0$ あるいは $T^{(2)}$ が $T^{(3)}$ の約数の場合，アルゴリズムに必要な初期系列は $(S^{(1)}, S^{(2)}, S^{(3)})$ までである．以下では，$T^{(2)} \neq 0$ かつ $T^{(2)}$ は $T^{(3)}$ の約数でない場合について議論する．この場合，必要な初期系列 $(S^{(1)}, S^{(2)}, \cdots, S^{(t)})$ において，$t \leq \lceil \log m \rceil$ であることを見ていく．まず，$C_2 T^{(2)} = C_1 T^{(3)}$ が成り立つ．また，while の変数 i について，ループ条件が $i \leq j$ の範囲まで成立していると仮定する．このとき，$i \leq j$ に対して，$T^{(i+1)} = (C_2/C_1)T^{(i)}$ かつ $T^{(i+1)} = (C_2/C_1)^{i-1} T^{(2)}$ が成り立つ．よって $(C_1)^{j-1}$ は $|T^{(2)}| < m$ を割り切る．$|C_1| \geq 2$ なので $j-1 \leq \lfloor \log(m-1) \rfloor$ であり $\hat{t} \leq 1 + \lceil \log m \rceil$ となる．

次に，アルゴリズムの実行時間を評価する．そのため，repeat ループの回数を見積もる．$m \leq \hat{m} < 2m^2$ なので，ループ前の $\hat{m}$ から除去される因子は高々 $2m$ であり，1 回のループで少なくとも 2 の因数を除去できるので，ループ数は高々 $\lfloor \log(2m) \rfloor = 1 + \lfloor \log m \rfloor$ である．

現れるループ数は多項式で抑えられ，基本演算，逆元計算，gcd 計算はすべて多項式時間で行うことができるので，全体としても（パラメータの二進表現の）多項式時間アルゴリズムとなる．■

仮説 $\hat{a}$ と $\hat{b}$ を計算するアルゴリズムでは，線形合同法の初期系列のサイズは $\lceil \log m \rceil + 2$ で十分であったが，これはかなり厳密である．例えば，$S^{(1)} = 0$，$a = 2^{n-1}$, $b = 2^n$, $m = 2^n + 1$ の場合，サイズ $n+3$ の初期系列が必要である．

2.1.2 線形合同法に対する予測アルゴリズム：予測フェーズ

前節では，線形合同法のパラメータ a, b に対する仮説として $\hat{a}$ と $\hat{b}$ を求める方法を示したが，本節では，この仮説 $\hat{a}$ と $\hat{b}$ を用いて，線形合同法の残りの系列に対して予測を行う予測フェーズ $\mathcal{P}_2^{\mathrm{lcg}}$ の方法を示す．

準備フェーズ $\mathcal{P}_1^{\mathrm{lcg}}$ では，(i) $T^{(2)}=0$，(ii) $T^{(2)}|T^{(3)}$，(iii) それ以外，の 3 通

りに場合分けをして処理していた．とくに，(i)と(ii)の場合は，m に対する初期仮説 $\hat{m}$ を求めずに準備フェーズは終了している．

まず，前節の方法で仮説 $\hat{a}$ と $\hat{b}$ を決定し，次いで m に対する仮説を求め，それに基づいて $S^{(i)}$ の予測を行うことになる．詳細について述べる前に，予測フェーズのおおまかな流れについて説明する．

(1) $T^{(2)}=0$ または $T^{(2)}|T^{(3)}$ の場合は，準備フェーズでは $\hat{m}$ を求めていない．予測が誤るまでは $S^{(i+1)}=\hat{a}S^{(i)}+\hat{b}$ にもとづいて予測を行う．

(2) $\hat{m}$ が未定義の段階で，初めて予測が誤ったときは，以下のように処理を行う．予測が誤るということは $T^{(i+1)} \neq \hat{a}T^{(i)}$ ということである．一方で，$T^{(i+1)} \equiv \hat{a}T^{(i)} \bmod m$ は成立している．そこで，m の予測値 $\hat{m}$ を $|\hat{a}T^{(i)} - T^{(i+1)}|$ とする．

(3) $\hat{m}$ が定義済みの場合は $S^{(i+1)} \equiv \hat{a}S^{(i)}+\hat{b} \bmod \hat{m}$ にもとづいて予測する．$S^{(i+1)}$ の予測に誤りがあるとき，m の仮説 $\hat{m}$ を $\gcd(\hat{m}, \hat{a}T^{(i)}-T^{(i+1)})$ に更新する．

以上を手続きとして書き下すと，予測フェーズ $\mathcal{P}_2^{\mathrm{lcg}}$ は以下のようになる．

定理 2.6 準備フェーズ $\mathcal{P}_1^{\mathrm{lcg}}$ で得られた初期仮説をもとに，予測フェーズ $\mathcal{P}_2^{\mathrm{lcg}}$ を実行したとき，$S^{(i)}$ の予測を誤る回数は $2+\log m$ 以下である．さらに，**while true do** ループ 1 回あたりの計算時間（仮説の更新時間）は $\log m$ の多項式時間で抑えられる． □

［証明］準備フェーズ $\mathcal{P}_1^{\mathrm{lcg}}$ の動作は，(i) $T^{(2)}=0$，(ii) $T^{(2)}|T^{(3)}$，(iii) それ以外，の 3 通りで異なる動作をしていた．(i) の場合，予測フェーズ $\mathcal{P}_2^{\mathrm{lcg}}$ での予測を誤ることはなく，定理は自然に満たす．

(iii) の場合，定理の証明でみたように準備フェーズ $\mathcal{P}_1^{\mathrm{lcg}}$ が出力する m の初期仮説 $\hat{m}$ は $m \leq \hat{m} \leq 2m^2$ を満たす．

(ii) の場合，準備フェーズ $\mathcal{P}_1^{\mathrm{lcg}}$ では，初期仮説 $\hat{m}$ は求めないが，a に対する仮説として $\hat{a}=T^{(3)}/T^{(2)}$ を出力する．いま，予測フェーズ $\mathcal{P}_2^{\mathrm{lcg}}$ において，$S^{(j+1)}$ を予測するときに最初の誤りがあったとする．このとき，$S^{(j+1)} \neq \hat{a}S^{(j)} + \hat{b}$ であり，$T^{(j+1)} \neq \hat{a}T^{(j)}$ となる．m は $\hat{a}T^{(j)}-T^{(j+1)}=\hat{m}$ を割り切り，$m \leq \hat{m} = |\hat{a}T^{(j)}-T^{(j+1)}| < m^2 + m \leq 2m^2$ を満たすような $\hat{m}$ を仮説として得る．

いずれの場合でも，**while true do** ループ内で，$S^{(j+1)}$ の予測が誤りを起

Algorithm 2 線形合同列予測：予測フェーズ $\mathcal{P}_2^{\text{lcg}}$

$i \leftarrow s$
/* s は準備フェーズ $\mathcal{P}_1^{\text{lcg}}$ が必要とした初期系列長 */
while true do
    $i \leftarrow i+1$
    $\hat{S}^{(i+1)} \leftarrow \hat{a} S^{(i)} + \hat{b} \bmod \hat{m}$
    /* $\hat{m}$ が未定義の場合は便宜上 $\hat{m}=\infty$ として扱う */
    $S^{(i+1)}$ は予測値 $\hat{S}^{(i+1)}$ であると予測
    /* 予測後，正しい値 $S^{(i+1)}$ をもらう．同時に，$T^{(i+1)}$ も計算 */
    if $\hat{S}^{(i+1)} \neq S^{(i+1)}$ **then**
        if $\hat{m}$ が未定義 **then**
            $\hat{m} \leftarrow \gcd(\hat{m}, \hat{a} T^{(i)} - T^{(i+1)})$
        else
            $\hat{m} \leftarrow |\hat{a} T^{(i)} - T^{(i+1)}|$
        end if
    else
        $\hat{a} \leftarrow \hat{a} \bmod \hat{m}$
        $\hat{b} \leftarrow \hat{b} \bmod \hat{m}$
    end if
end while

こすときはいつでも $S^{(j+1)} \neq S^{(j)} + \hat{a} T^{(j)} \bmod \hat{m}$ である．このことより $\hat{m}$ は $\hat{a} T^{(j)} - T^{(j+1)}$ を割り切らず，$\gcd(\hat{m}, \hat{a} T^{(j)} - T^{(j+1)}) \leq \hat{m}/2$ となる．よって，$S^{(j+1)}$ の予測で誤るたびに，$\hat{m}$ は前の値の半分以下に更新される．このことは，予測誤りの回数が $1 + \lfloor \log(2m^2/m) \rfloor \leq 2 + \log m$ 以下であることを意味している． ∎

2.2 上位ビットを出力する線形合同法

前節で，線形合同法の内部状態をそのまま擬似乱数列として出力したとき，

2.2 上位ビットを出力する線形合同法

その系列から線形合同法を定めているパラメータが効率的に推測できてしまうことを述べた．Knuth [32] において，線形合同法の下位ビットは乱数性が低いと指摘されている．そこで，線形合同法の内部状態の下位ビットを捨てて，上位ビットだけ用いられることも多い．上位ビットだけを用いる多くの場合においても，擬似乱数系列から線形合同法を定めているパラメータが効率的に推測できてしまう．この節では，下位 $t=O(\log\log m)$ ビットを捨て，残りの上位ビットを用いる場合でも，たとえ，線形合同法のパラメータ a, b, m がわからなくても，効率的にそのパラメータを推測できてしまうことを見ていく．

具体的には，以下の下位ビット除去タイプの線形合同法について考察する．

$$f_1^{\mathrm{lcg2}}(S) \stackrel{\mathrm{def}}{=} aS+b \bmod m$$
$$f_2^{\mathrm{lcg2}}(S) \stackrel{\mathrm{def}}{=} \lfloor S/2^t \rfloor$$

ここで，S は一般に $S=S_u 2^t + S_\ell$ (ただし，$S_2 < 2^t$) と表すことができて，S_ℓ は S の下位 t ビットに対応し，S_u は残りの上位ビットであり，$\lfloor S/2^t \rfloor = S_u$ となる．また，証明における技術的な都合上 $m > 2^{3t+1}$ を仮定する．

前節と同様に，内部状態の無限系列 $\langle S^{(i)} \rangle_{i \geq 1}$ は，パラメータ a, b, m の線形合同法で生成される，つまり，任意の $i \geq 1$ に対して $S^{(i+1)} \equiv (aS^{(i)}+b) \bmod m$ と計算されるものとする．また，内部状態の上位ビットの系列を $\langle U^{(i)} \rangle_{i \geq 1}$ とおく．つまり，すべての $i \geq 1$ で $U^{(i)} = \lfloor S^{(i)}/2^t \rfloor$ である．

下位ビット除去タイプの線形合同法に対する予測アルゴリズムは，線形合同法に対する予測アルゴリズム ($\mathcal{P}_1^{\mathrm{lcg}}, \mathcal{P}_2^{\mathrm{lcg}}$) と同様の考え方で実現できることを見ていく．ただし，単純な応用ではなく，注意深く検討していく必要がある．いま $t \leq c \log \log m$ としよう．各 $U^{(i)}$ から内部状態 $S^{(i)}$ を予測するには t ビット分の情報を予測する必要がある．また，前節において，m に対する正しい予測を得るまでに $\log m$ 回の更新が必要であった．下位ビット除去タイプの線形合同法に対する予測アルゴリズムにおいて，正しい m の値を得るまでに $(2^{c \log \log m})^{\log m} = m^{c \log \log m}$ 通り，つまり，$\log m$ の超多項式通りの予測が必要となり，効率的な予測アルゴリズムとならないことが予想されるからである．

さて，前節で述べた線形合同法に対する予測アルゴリズム $\mathcal{P}^{\mathrm{lcg}} = (\mathcal{P}_1^{\mathrm{lcg}}, \mathcal{P}_2^{\mathrm{lcg}})$

において，準備フェーズと予測フェーズに分けて議論した．しかし，準備フェーズと予測フェーズとでの基本的な考え方は同一なので，両者をあえて区別する必要はない．本節では，準備フェーズと予測フェーズを個別には考えないことにする．

$\mathcal{P}^{\mathrm{lcg}}$ を利用するためには，$S^{(1)}, S^{(2)}, S^{(3)}$ の値を知る必要がある．しかしながら，擬似乱数系列からその値を完全に知ることはできず，その予測値 $\hat{S}^{(1)}$, $\hat{S}^{(2)}, \hat{S}^{(3)}$ を考えることになる．$U^{(1)}, U^{(2)}, U^{(3)}$ がわかったとしてもその予測値 $\hat{S}^{(1)}, \hat{S}^{(2)}, \hat{S}^{(3)}$ が正解になるには，それぞれ t ビット分の情報が不足している．$(2^t)^3 \leqq (\log m)^3 c$ なので，すべての取り得る値を全数探索することを考えても $\log m$ の多項式で抑えられる．このことは，効率的な予測アルゴリズムを構成するうえで重要なことであるが，簡単のため

$$\hat{S}^{(1)} = S^{(1)}, \quad \hat{S}^{(2)} = S^{(2)}, \quad \hat{S}^{(3)} = S^{(3)}$$

が満たされていると仮定して話をすすめる．この仮定を初期三状態既知仮定と呼ぶことにする．この仮定は除去できることを後で議論する．以後，$S^{(i)}$ に関する予測値を $\hat{S}^{(i)}$，$U^{(i)}$ に関する予測値を $\hat{U}^{(i)}$，$T^{(i)} = S^{(i)} - S^{(i-1)}$ に関する予測値を $\hat{T}^{(i)} = \hat{S}^{(i)} - \hat{S}^{(i-1)}$ と表す．さて，初期三状態既知仮定より，予測アルゴリズム $\mathcal{P}^{\mathrm{lcg}}$ を利用するための条件が1つ整備された．予測アルゴリズム $\mathcal{P}^{\mathrm{lcg}}$ では，$T^{(2)}, T^{(3)}$ の値によって，動作を3通りに分けていた．ここでも，(i) $T^{(2)} = 0$ の場合，(ii) $T^{(2)} | T^{(3)}$ の場合，(iii) それ以外の場合，に分けて議論する．

(i) $T^{(2)} = 0$ の場合，$\hat{a} = 1, \hat{b} = 0$ として予測を進めていく．また，便宜上 $\hat{m} = \hat{S}^{(1)} + 1$ とする．予測を進めていったとき，予測誤りが生じたとしたら，初期三状態既知仮定に誤りが生じたということになり，この場合，設定した初期仮説 $\hat{a}, \hat{b}, \hat{m}$ を無効とし，新たに設定し直すことになる．初期三状態既知仮定に誤りが生じたときの取り扱いについては後述する．

次に，$T^{(2)} \neq 0$ の場合，つまり，(ii), (iii) の場合であるが，予測を誤ったときの対応として，$\mathcal{P}^{\mathrm{lcg}}$ を利用できるかどうかはわからない．なぜならば，下位ビット除去タイプの線形合同法に対する予測アルゴリズムにおける予測とは，次の内部状態の上位ビットの予測であり，$\mathcal{P}^{\mathrm{lcg}}$ における予測とは次の内

部状態の全ビットの予測だからである．しかし，幸いにして，(ii)の場合においても，(iii)の場合においても，次の内部状態の上位ビットの予測と次の内部状態の全ビットの予測は等価であることがわかっている．

それでは，(ii) $T^{(2)}|T^{(3)}$ の場合について考察してみよう．

補題 2.7 初期三状態既知仮定および $T^{(2)}|T^{(3)}$ が成立しているものとする．このとき，ある i が存在して，すべての $1 \leq j \leq i$ を満たす j で，$\hat{S}^{(j+1)} = \hat{a}\hat{S}^{(j)} + \hat{b}$ かつ $U^{(j)} = \hat{U}^{(j)}$ ならば，$U^{(i+1)} = \hat{U}^{(i+1)}$ であることと $S^{(i+1)} = \hat{S}^{(i+1)}$ であることは等価である． □

[証明] $S^{(i+1)} = \hat{S}^{(i+1)}$ が成立しているときに $U^{(i+1)} = \hat{U}^{(i+1)}$ が成立するのは明らかである．逆方向については i に関する帰納法で証明する．仮定より，$S^{(3)} = \hat{S}^{(3)}$ は成立する．いま，ある $i \geq 3$ で $S^{(i)} = \hat{S}^{(i)}$ が成立しているものと仮定しよう．このとき，定理 2.5 より，$S^{(i+1)} \equiv \hat{a}S^{(i)} + \hat{b} \bmod m$ であり $S^{(i+1)} \equiv \hat{S}^{(i+1)} \bmod m$ である．ここで，$U^{(i+1)} = \hat{U}^{(i+1)}$ ならば $\lfloor S^{(i+1)}/2^t \rfloor = \lfloor \hat{S}^{(i+1)}/2^t \rfloor$ がいえて，$\lfloor S^{(i+1)} - \hat{S}^{(i+1)} \rfloor < 2^t < m$ となる．つまり，$S^{(i+1)} = \hat{S}^{(i+1)}$ がいえたことになる． ■

この補題が重要なことは，$U^{(i+1)}$ の予測において最初の予測誤りの時点が $S^{(i+1)} \neq \hat{a}S^{(i)} + \hat{b}$ となる最初の時点となることを意味しているからである．予測誤りによって，正しい $U^{(i+1)}$ を受け取り，$S^{(i+1)}$ の下位 t ビットの当て推量を行う．さらに，m の仮説として $\hat{m} = |\hat{S}^{(i+1)} - (\hat{a}\hat{S}^{(i)} + \hat{b})|$ を計算することになる．もし，$S^{(1)}, S^{(2)}, S^{(3)}$ および $S^{(i+1)}$ の下位 t ビットの当て推量が正しければ $\hat{m}$ は m の倍数となっている．この $\hat{m}$ の値が過去の $S^{(i)}$ の最大値よりも小さい場合は，$S^{(1)}, S^{(2)}, S^{(3)}$ および $S^{(i+1)}$ の下位 t ビットの当て推量が正しくなかったと判断する．そうでない場合は，予測を続行することにする．

次に，(iii) $T^{(2)}|T^{(3)}$ でない場合について考察してみよう．

補題 2.8 初期三状態既知仮定が成立しているものとする．このとき，ある i が存在して，$1 \leq j \leq i$ を満たすようなすべての j で $\hat{T}^{(j+1)} = (C_2/C_1)\hat{T}^{(j)}$ かつ $U^{(j)} = \hat{U}^{(j)}$ ならば，$U^{(i+1)} = \hat{U}^{(i+1)}$ であることと $S^{(i+1)} = \hat{S}^{(i+1)}$ であることとは等価である． □

[証明] $S^{(i+1)} = \hat{S}^{(i+1)}$ ならば $U^{(i+1)} = \hat{U}^{(i+1)}$ であるのは明らかである．逆

側の証明は i についての帰納法で行う．いま，ある i が存在し，$1 \leq j \leq i$ を満たすようなすべての j で $S^{(j)} = \hat{S}^{(j)}$ が成り立っているとする．前節の議論より，$|C_2 T^{(j)} - C_1 T^{(j+1)}|$ は m の倍数である．また，

$$\begin{aligned}|C_2 T^{(j)} - C_1 T^{(j+1)}| &= |C_2 T^{(j)} - C_1 (S^{(j+1)} - S^{(j)})| \\ &= |C_2 T^{(j)} - C_1 (\hat{S}^{(j+1)} - S^{(j)}) - C_1 (S^{(j+1)} - \hat{S}^{(j+1)})| \\ &= |C_1 (S^{(j+1)} - \hat{S}^{(j+1)})|\end{aligned}$$

が成立する．ここで最後の等式は，

$$\begin{aligned}C_2 T^{(j)} - C_1 (\hat{S}^{(j+1)} - S^{(j)}) &= C_2 (S^{(j)} - S^{(j-1)}) - C_1 (\hat{a} \hat{S}^{(j)} + \hat{b} - \hat{S}^{(j)}) \\ &= \hat{a} C_1 (\hat{S}^{(j)} - \hat{S}^{(j-1)}) - C_1 (\hat{a} \hat{S}^{(j)} + \hat{b} - \hat{S}^{(j)}) \\ &= C_1 (\hat{S}^{(j)} - (\hat{a} \hat{S}^{(j-1)} + \hat{b})) \\ &= 0\end{aligned}$$

による．さて，$\hat{T}^{(j+1)} = (C_2/C_1)^j \hat{T}^{(2)}$ で，かつ，$(C_1)^j$ は $\hat{T}^{(2)} = T^{(2)}$ の約数であり，$|T^{(2)}| < m$ なので，もし，$U^{(j+1)} = \hat{U}^{(j+1)}$ ならば $|C_1 (S^{(j+1)} - \hat{S}^{(j+1)})| < (m^{1/(j-1)}) 2^t \leq \sqrt{m} \cdot 2^t < m$ となる．（ここで，$m > 2^{3t+1}$ という仮定を利用した．）それ故に $|C_1 (S^{(j+1)} - \hat{S}^{(j+1)})|$ はゼロでなくてはならず，$S^{(j+1)} = \hat{S}^{(j+1)}$ がいえる．■

以上で，初期三状態既知仮定が成立している限りにおいて，初めて仮説を更新するまでは $\mathcal{P}^{\text{lcg}}$ がそのまま利用できることを確認した．初めての仮説更新以後（予測フェーズと区別する意味で，最終フェーズと呼ぶ）においても，同様に $\mathcal{P}^{\text{lcg}}$ がそのまま利用できることを確認する．

補題 2.9 初期三状態既知仮定が成立していると仮定する．最終フェーズにおいて，ある i に対して $i \leq j$ を満たすようなすべての j で，$S^{(i)} = \hat{S}^{(i)}$ ならば，$U^{(j+1)} = \hat{U}^{(j+1)}$ であることと $S^{(j+1)} = \hat{S}^{(j+1)}$ であることとは等価である． □

この証明については，補題 2.7 と補題 2.8 とほとんど同様である．この補題 2.9 より，乱数列の予測と内部状態の予測結果は一致することが保証され，乱数列の予測が成功する限り，内部状態の予測も成功することになるので $\mathcal{P}^{\text{lcg}}$ がそのまま利用できることを意味している．それでは，乱数列の予測が失敗し

た場合について考えよう．

補題 2.10 初期三状態既知仮定が成立していると仮定する．最終フェーズ段階において，ある i に対して $i \leqq j$ を満たすようなすべての j で $S^{(i)} = \hat{S}^{(i)}$ を満たし，かつ，$U^{(j+1)} \neq \hat{U}^{(j+1)}$ ならば，$U^{(j+1)}$ とそれ以前の $U^{(j)}$ に無矛盾な $S^{(j+1)}$ の候補は高々 2 通りである．もし，2 通りの候補が存在したとしても，$\hat{m}$ の更新は t 回以下であり，それ以降の $S^{(i+1)}$ の予測でその候補が 2 つ以上になることはない． □

[証明] いま，$S^{(j+1)}$ の候補が 3 通りあるものとする．それらを $S_1^{(j+1)}$，$S_2^{(j+1)}$，$S_3^{(j+1)}$ とする．また，$\hat{S}$ の系列において，現時点までの最大値を $\hat{S}_{\max}$ とする．$k=1,2,3$ に対して，

$$m_k = \gcd(\hat{m}, S_1^{(j+1)} - S^{(j)} - \hat{a}T^{(j)}) \geqq \hat{S}_{\max}$$

とおく．$\hat{m}$ は m_1, m_2, m_3 の最小公倍数を約数として持つので，

$$\hat{m} \geqq \frac{m_1 m_2 m_3}{\gcd(m_1, m_2) \cdot \gcd(m_1 m_2 / \gcd(m_1, m_2), m_3)}$$
$$\geqq \frac{m_1 m_2 m_3}{\gcd(m_1, m_2) \cdot \gcd(m_1, m_3) \cdot \gcd(m_2, m_3)}$$

が成り立つ．ここで，$S_1^{(j+1)}$，$S_2^{(j+1)}$，$S_3^{(j+1)}$ は下位 t ビットだけが異なるので，$|S_1^{(j+1)} - S_2^{(j+1)}| < 2^t$ であり，$\gcd(m_1, m_2) < 2^t$ がいえる．同様にして，$\gcd(m_2, m_3) < 2^t$ および $\gcd(m_3, m_1) < 2^t$ も成り立つ．m_1, m_2, m_3 のうちの 1 つは正しい予測へ通じるので m の倍数である．そのため，m_1, m_2, m_3 のうちの 1 つは m 以上であり，残りの 2 つは $\hat{S}_{\max}$ 以上なので，

$$\hat{m} > \frac{m_1 m_2 m_3}{(2^t)^3} \geqq \frac{m(\hat{S}_{\max})^2}{2^{3t}} > 2(\hat{S}_{\max})^2 > \hat{m}$$

となってしまい，矛盾が導かれる．ここで，$m > 2^{3t+1}$ という仮定を用いた．つまり，$S^{(j+1)}$ の候補はせいぜい 2 通りである．

いま，$S_1^{(j+1)}$ と $S_2^{(j+1)}$ が $S^{(j+1)}$ の候補であるとし，上と同じく m_1, m_2 を定める．$\hat{m}$ は m_1, m_2 の最小公倍数を約数として持つので，

$$\hat{m} \geqq \frac{m_1 m_2}{\gcd(m_1, m_2)}$$

が成り立つ．ここでも $\gcd(m_1, m_2) < 2^t$ となる．$\hat{T}^{(2)}$ が $\hat{T}^{(3)}$ の約数であるとき，$\hat{m}$ の初期値は $|\hat{S}^{(i+1)} - (\hat{a}\hat{S}^{(i)} + \hat{b})| = |\hat{T}^{(i+1)} - \hat{a}\hat{T}^{(i)}|$ である．この場合，$\hat{a} = \hat{T}^{(3)}/\hat{T}^{(2)}$ とセットされる．$i \leq j$ に対して $\hat{S}^{(i)} \leq \hat{S}_{\max}$ なので，$\hat{m} \leq 2(\hat{S}_{\max})^2$ が成り立つ．$\hat{T}^{(2)}$ が $\hat{T}^{(3)}$ の約数でないとき，$\hat{m}$ の初期値は $|C_2\hat{T}^{(i)} - C_1\hat{T}^{(i+1)}|$ なので，同じく $\hat{m} \leq 2(\hat{S}_{\max})^2$ が成り立つ．よって，いずれの場合も

$$m_1 m_2 \leq 2^{t+1}(\hat{S}_{\max})^2$$

がいえる．$m_1 > \hat{S}_{\max}$ および $m_2 > \hat{S}_{\max}$ なので，上の不等式に代入すると，より大きいので，$m_1 < 2^{t+1}\hat{S}_{\max}$ かつ $m_2 < 2^{t+1}\hat{S}_{\max}$ が成立する．$2^{t+1}\hat{S}_{\max} < 2^{t+1}m$ なので，m_1 も m_2 も同時に m 回を超えて更新されることはない．なぜならば，1回の更新で必ず半分以下になるからである．

いったん，内部状態の候補が2つになった場合，その更新数は m 回以下であるが，それを超えて更新が必要になり，候補数が1つ以下になったとき，それ以降の候補数が再度2つ以上になることはない．過去に候補数が2つになったことがあり，現段階での内部状態の候補は1つになっているものとする．これに対応する法の候補を $\hat{m}$ とすると，この $\hat{m}$ は $2^{t+1}m > \hat{m}$ を満たしていることに留意しよう．仮に，次の内部状態の候補として S' と S'' があったとする．これに対応して法の候補はそれぞれ m' と m'' であるとする．このとき，

$$2^{t+1}m > \hat{m} \geq \frac{m'm''}{\gcd(m', m'')} > \frac{m^2}{2^t}$$

となってしまい，矛盾が導かれる．つまり，再度内部状態の候補数が2つにはならない．

ここまでで，上位ビットを出力する線形合同法を予測するアルゴリズムを構築するための準備が整った．予測を成功させるためには，初期三状態既知仮定を成立させる必要がある．$S^{(1)}, S^{(2)}, S^{(3)}$ を正確に知るためには $3t$ ビット分の当て推量をすればよいが，$t \leq c \log\log m$ なので，可能性のある値をすべて代入して試すことができる．そこで，初期三状態についての可能性すべてについて，並列的に仮説を計算していくという方針を取る．また，初期三状態の下

2.2 上位ビットを出力する線形合同法

位 t ビットの当て推量の全列挙を $I_1, I_2, \cdots, I_{(\log m)^{3c}}$ と書くものとする. このとき, ある k では I_k が $S^{(1)}, S^{(2)}, S^{(3)}$ の正しい推量に対応しているはずである. 予測アルゴリズムでは, 各 k について, 初期三状態の同定に必要な情報を I_k を用いて補完し, k ごとに仮説 $\hat{m}_k$ (および $\hat{a}_k$ と $\hat{b}_k$) を管理し更新していく. ただし, 実際の予測については, 矛盾が観測されていない最小の k_{con} に対応する仮説 $\hat{m}_{k_{\text{con}}}$ を用いる. この仮説 $\hat{m}_{k_{\text{con}}}$ による予測が正しいときは, 現時点での正しい内部状態がわかるので, 他の k で保持している仮説 $\hat{m}_k$ を更新する必要があれば更新を行う. 矛盾が発生する場合は I_k を今後利用しないことにする. この仮説 $\hat{m}_{k_{\text{con}}}$ による予測が正しくないときは, この仮説 $\hat{m}_{k_{\text{con}}}$ の更新を行う. これと同時に他の k についても必要に応じて仮説更新を行う. 仮説 $\hat{m}_{k_{\text{con}}}$ を更新しても無矛盾にできないときは, $I_{k_{\text{con}}}$ を放棄し, k_{con} を更新する.

補題 2.7 と補題 2.8 より, (各 k で) 予測の失敗が発生しない限り同じ仮説を用いることになる. いま, $i+1$ 番目の予測が失敗する場合を考える. この予測に失敗する時点は, I_k ごとに異なる. 各 I_k に対して, $S^{(i+1)}$ の下位 t ビットの可能性として 2^t 通りあるので, I_k を細分化して, $I_{k,k'}$ を導入し, $I_{k,k'}$ は初期三状態の下位 t ビットと $S^{(i+1)}$ の下位 t ビットの当て推量に対応する. また, $k'=1, 2, \cdots, (\log m)^c$ である.

補題 2.9 では, $I_{k,k'}$ ごとに保持する仮説を立てて, 予測が正しい限りその仮説を保持してよいことがわかる. さらに, 最初の仮説更新を経ることで, $\hat{S}_{\max}$ が正しく設定され, 補題 2.10 の議論を用いることで, 仮説が誤った際の次の候補は 2 つ以下となることが保証される. つまり, $I_{k,k'}$ ごとに 2 つを超える可能性が生じることはない. 結局, 当て推量のすべての個数は $2(2^t)^4 \leq 2(\log m)^{4c}$ で抑えられる. $I_{k,k'}$ を用いて予測をする際, 次を表す内部状態に 2 つの可能性が出た場合, 一方が矛盾に到達したとしても, もう一方に移って予測を継続することになる. 定理 2.6 より, 各 $I_{k,k'}$ ごとに予測が誤る回数は $2+\log m$ なので, 全体として予測が誤る回数は $(2+\log m)(\log m)^{4c}+3$ で抑えられる. 余分な 3 回は, 初期三状態既知仮定を満たすため, $S^{(1)}, S^{(2)}, S^{(3)}$ に関する予測は誤りつつも, 上位 $n{-}t$ ビットを確定させる必要があるためである.

上記の議論をまとめると以下のように表される.

定理 2.11 擬似乱数生成法 $(f_1^{\text{lcg2}}, f_2^{\text{lcg2}})$ に対する予測アルゴリズム $\mathcal{P}^{\text{lcg2}}$ が存在し, $S^{(i)}$ の予測を誤る回数は $(2+\log m)(\log m)^{4c}+3$ 回以下に抑えられる. また, 仮説の更新時間も $\log_2 m$ の多項式時間で抑えられる. □

2.3 その他の擬似乱数生成法と予測可能性

2.1 節で線形合同法の予測可能性について, 2.2 節で下位 $O(\log\log m)$ ビットを捨てるタイプの線形合同法の予測可能性について議論した. 本節では, 線形合同法のその他の変種の予測可能性について得られている事実を簡単に紹介する.

2.2 節での議論は, 線形合同法のパラメータ a, b, m は一切わからないことを前提としていた. Frieze ら[17]は下位ビットを半分捨てても, パラメータ m や a が既知ならば, 予測アルゴリズムが存在することを示している. また, Stern [58]は m が既知の場合について同様な結果を示している. さらに, m が未知の場合も検討しているが, ある種の仮定をおくことによる結果である.

Boyar [11]は, 線形合同法の予測可能性の考え方を拡張し, より一般的な擬似乱数生成法についての予測可能性を検討している. n 番目の内部状態 $S^{(n)}$ は $S^{(1)}, S^{(2)}, \cdots, S^{(n-1)}$ から決定できるが, 以下の形で決定される場合を対象とする.

$$(2.5) \qquad S^{(n)} = \sum_{j=1}^{\ell} \alpha_j \phi_j(S^{(1)}, S^{(2)}, \cdots, S^{(n-1)}) \bmod m$$

ただし, 法 m と係数 $\alpha_1, \cdots, \alpha_\ell$ は未知であるが, $\phi_1, \cdots, \phi_\ell$ は既知の整数上の関数であるとする. また, 効率的な擬似乱数生成法を前提としたいため, 各 ϕ_i は $\log m$ と ℓ の多項式時間で計算できるものと仮定する.

線形合同法の場合,

$$S^{(n)} = a\phi_1(S^{(n-1)}) + \phi_2(S^{(n-2)}) - a\phi_3(S^{(n-3)}) \bmod m$$

と書ける. ただし,

$$\phi_1(S^{(n-1)}) = S^{(n-1)}$$
$$\phi_2(S^{(n-2)}) = S^{(n-2)}$$
$$\phi_3(S^{(n-3)}) = S^{(n-3)}$$

である.

式(2.5)を満たす擬似乱数生成法に関する性質として,一意補外性と呼ばれるよい性質を導入する.

定義 2.12 関数集合 $\{\phi_j(S^{(1)}, S^{(2)}, \cdots, S^{(n-1)})|1 \leqq j \leqq \ell\}$ が,長さ r の一意補外性を持つとは,任意の法 m と,任意の初期系列 $\{s^{(1)}, s^{(2)}, \cdots, s^{(n_0+i)}\}$ に対して,$1 \leqq i \leqq r$ を満たす任意の i で

$$\sum_{j=1}^{\ell} \alpha_j \phi_j(s^{(1)}, s^{(2)}, \cdots, s^{(n_0+i)}) \equiv s^{(n_0+i+1)} \bmod m$$

を満たすような係数集合 $\{\alpha_j|1 \leqq j \leqq \ell\}$ の式(2.5)で生成される無限系列 $\{s^{(i)}|1 \leqq i < \infty\}$ が同一になるときをいう. □

定理 2.13 一意補外性を持つ擬似乱数生成法は効率的にパラメータ予測が可能である.特に,すべての $S^{(i)} < m$,すべての j,すべての n で $|\phi_j(S^{(1)}, \cdots, S^{(n)})| \leqq z$ であるならば,予測誤り回数は $n_0 + \max(\ell, r) + 3 + \log \ell + (\ell/2)\log(\ell/z^2)$ である. □

Boyar の方法は,パラメータ予測を経由して擬似乱数系列を予測しているが,パラメータ予測を経ずに擬似乱数系列の予測をすることも可能であり,Krawczyk [33]はその方向性で Boyar の方法の拡張を行っている.

2.4 乱数性の統計的検定について

前節までの議論は,(パラメータは未知かもしれないが)擬似乱数生成法そのものは既知である場合は,擬似乱数列が予測できる例となっている.擬似乱数生成法としてどのようなものが利用されているのかわからない場合は,予測そのものは困難である.したがって,生成される系列が乱数列かどうかを議論するための方法論として統計的検定方法が考えられている.しかしながら,「乱数性」を定義することの困難さのため,「乱数ではない」基準を複数定め,そ

の基準のもとに検定を行っている．そのため，乱数でない系列は棄却できるものの，統計的検定によって「乱数性」を保証できない．

とはいえ実際的な観点から，複数の判定アルゴリズムからなる統計的検定のテストセットを用意するという試みがいくつか存在している．代表的なものとして，Marsaglia の DIEHARD [40] や，暗号用の乱数を検定することを目的として構築された NIST（アメリカ国立標準技術研究所）発行の SP800-22 [54] に記載されているものがある．これらの多くは Knuth による乱数性検定の記述 [32] にもとづいている．また，比較的新しいものとして L'Ecuyer と Simard による TestU01 [36] が知られている．乱数性検定に関するその他の事項については [70, 69] などを参照して欲しい．

3

擬似乱数生成のための計算量理論

一方向性関数にはハードコア述語と呼ばれる計算量理論的な意味でのランダムビットが存在し，それを利用して擬似乱数生成器を構成する方法を説明する．構成に際して必要な確率論的な道具立てを紹介するとともに，擬似乱数生成器の諸性質を考察する．

この章では，擬似ランダムビットを構成するための基本要素として一方向性関数という考え方を導入する．一方向性関数とは，関数の計算は容易に行うことができるが，その逆計算は困難であるものをいう．つまり，関数のある像からその逆像の 1 つを求めるのは計算量的に難しいのが一方向性関数である．ビット列からビット列の一方向性関数を考えた場合，像から逆像を表す全ビットを復元するのが困難であるということであり，このことは逆像の中の特定のビット（ハードコアビット）は予測さえ難しいということを意味している．もし逆像のどのビットも予測が簡単ならば，逆像の全ビットを復元するのは容易になってしまうからである．ここで，予測というのは確率 1/2 よりも有意な差をもって予測することであり，当て推量でよければ，確率 1/2 で正解することはできる．予測困難ということは，別の見方をすれば，ランダムに見えるということであり，一方向性関数におけるハードコアビットを利用して擬似乱数を構成することになる．

予測が困難という性質は確率的な性質になるため，それを取り扱うための一般的な道具立てを紹介した後に，一方向性関数の形式的な取扱い方法について述べる．次に，任意の一方向性関数には必ず（ハードコアビットを一般化した）ハードコア述語が存在するという Goldreich-Levin 定理を紹介する．さらに，ハードコア述語を利用して擬似ランダムビットを生成するための理論的枠組みを紹介する．

具体的な擬似乱数生成方法については，整数論をもとにした幾つかの具体的な構成例を次章で見ることにする．

3.1 確率論の小道具

アルゴリズムといった場合，一般に決定性アルゴリズムのことを指す．決定性アルゴリズムでは，入力が決まれば，その出力は一意に決定し，アルゴリズムの動作に不確定な要素はない．決定性アルゴリズムに対して，乱択アルゴリズム，あるいは，確率的アルゴリズムと呼ばれる，内部の動作の決定に乱数を利用するアルゴリズムがある．乱択アルゴリズムでは，入力が決定してもその出力の値は確率的に変動する．乱択アルゴリズムの性能を議論するには確率

の解析が不可欠であり，この節において，そのために必要な道具立てを用意する．

3.1.1 裾確率

Markov の不等式
X を非負実数を取る確率変数とする．このとき，任意の $k>0$ で
$$\Pr[X > k] \leq \frac{\mathbf{E}[X]}{k}$$
が成立する．

この Markov の不等式はとても弱い結果に思えるかもしれない．例えば，サイコロ投げを考えてみよう．X をサイコロを投げたとき出る目とすると，目の数が 4 よりも大きい確率は $\Pr[X>4]$ と表されるが $\mathbf{E}[X]=7/2$ なので，$\Pr[X>4]<7/8$ ということを導くに過ぎない．しかしながら，確率変数 X に特別な条件が課されているわけではないということが重要である．さらに，後述の Chebyshev の不等式や Chernoff 限界を導くための重要な確率ツールとなることを付記しておく．

Chebyshev の不等式
確率変数 X において，期待値が μ で，分散が σ^2 であるとする．このとき，任意の $k \geq \sigma$ で
$$\Pr\left[|X-\mu| \geq k\right] \leq \frac{\sigma^2}{k^2}$$
が成立する．

上の不等式の解釈として，平均から遠い値が得られる確率は小さい，と考えるとよい．

さらに，$X_1, \cdots, X_n$ を互いに独立な Bernoulli 試行の列とし，それぞれ $\mathbf{E}[X_i]=p$ であるとする．また新たな確率変数 $Z = \sum_{i=1}^{n} X_i$ に対して，その期待値は np であり，分散は $n\sigma^2$ となる．このとき，Chebyshev の不等式より，任意の $\gamma>0$ において，

$$\Pr\left[|Z-np| \geqq n\gamma\right] \leqq \frac{\sigma^2}{n\gamma^2}$$

が導かれる．n が大きくなったとき，上記の確率は 0 に収束するため，Chebyshev の不等式を用いた**大数の法則**と呼ぶことにする．試行の列 $X_1,\cdots,X_n$ が完全に独立な場合は，より強力な不等式が導かれ，Chernoff 限界として知られている．

Chernoff 限界

$X_1,\cdots,X_n$ を独立な Bernoulli 試行の列とし，それぞれ $\mathbf{E}[X_i]=p$ であるとする．また，新たな確率変数 $Z=\sum_{i=1}^{n} X_i$ に対して，その期待値は np である．加法的なタイプの Chernoff 限界（**Hoeffding 限界**とも呼ばれる）として

$$\Pr[Z > n(p+\gamma)] \leqq e^{-2n\gamma^2}$$
$$\Pr[Z < n(p-\gamma)] \leqq e^{-2n\gamma^2}$$

が成立し，乗法的なタイプの Chernoff 限界として

$$\Pr[Z > (1+\gamma)np] \leqq e^{-np\gamma^2/3}$$
$$\Pr[Z < (1+\gamma)np] \leqq e^{-np\gamma^2/2}$$

が成立する．

一般に，Chernoff 限界は単一の不等式を指すのではなく，（本書では証明を与えないが）同様な導出過程を経て得られる一群の不等式を指す．Chernoff 限界については条件をいろいろと緩和した亜種が存在するが，必要に応じて紹介する．

3.1.2 多数決

$X_1,\cdots,X_n$ を Bernoulli 試行の列とし，それぞれ $\mathbf{E}[X_i]=\dfrac{1}{2}+\varepsilon$ であるとする．また $Z=\sum_{i=1}^{n} X_i$ とする．ここで，多数決を表す確率変数 Y を以下のように定める．

$$Y = \begin{cases} 1 & Z \geqq n/2 \text{ の場合} \\ 0 & \text{それ以外} \end{cases}$$

$\varepsilon>0$ のとき $Y=1$ となることが期待されるが，Chebyshev の不等式を用いた大数の法則や Chernoff 限界を用いることにより，高い確率で $Y=1$ となる（多数決に成功する）ことが確認できる．例えば，$X_1,\cdots,X_n$ が独立な場合，Hoeffding 限界を適用できて，$p=\frac{1}{2}+\varepsilon$, $\gamma=\varepsilon$ とすると

$$\Pr[Y=0] = \Pr[Z<n/2] = \Pr[Z<n(p-\gamma)] \leqq e^{-2n\varepsilon^2}$$

が導かれる．$n \gg 1/\varepsilon^2$ の場合，事象 $Y=0$ が生起する，つまり，多数決に失敗する確率は非常に小さくなる．

$X_1,\cdots,X_n$ が完全に独立ではなくても互いに独立な場合，$\mathbf{V}[Z]=\sum_{i=1}^{n}\mathbf{V}[X_i]$ となるので，

$$\mathbf{V}[X_i] = \mathbf{E}[X_i^2] - \mathbf{E}[X_i]^2 = \mathbf{E}[X_i] - \mathbf{E}[X_i]^2 = \frac{1}{4}-\varepsilon^2$$

より $\mathbf{V}[Z]=n(1/4-\varepsilon^2)$ と計算でき，Chebyshev 不等式を利用すると，

$$\Pr[Z<n/2] \leqq \Pr\left[|Z-np|>n\varepsilon\right] \leqq \frac{(1-4\varepsilon^2)n/4}{n^2\varepsilon^2} < \frac{1}{4n\varepsilon^2}$$

が導かれる．$X_1,\cdots,X_n$ が完全に独立な場合と比べて，収束速度は遅いが，n が大きくなると多数決に失敗する確率は 0 に近づくことは同様である．

3.1.3 数え上げの議論

x および y に依存する事象 $\mathcal{E}_{x,y}$ において，x と y はそれぞれ集合 X, Y から一様かつ独立に選ばれる状況で $\mathcal{E}_{x,y}$ の生起確率を δ とする．つまり，

$$\Pr[\mathcal{E}_{X,Y}] = \delta$$

である．このとき，期待値の性質から，ある x が存在し，

$$\Pr[\mathcal{E}_{x,Y}] \geqq \delta$$

となる．しかしながら，そのような x はただ 1 つかもしれず，このような事

実は乱択アルゴリズムの解析には使いにくい．そこで，

$$S = \{x \in X \mid \Pr[\mathcal{E}_{x,Y}] \geqq \delta/2\}$$

を導入すると，$|S|/|X| \geqq \delta/2$ がいえる．なぜならば，仮に $|S|/|X| < \delta/2$ とすると，$\Pr[\mathcal{E}_{X,Y}] < \delta$ となり前提と矛盾してしまうからである．生起確率を少し犠牲にする，つまり，δ を考える代わりに $\delta/2$ を考えることで，ある程度の個数の x で

$$\Pr[\mathcal{E}_{x,Y}] \geqq \delta/2$$

が成り立つことが保証される．

3.1.4 確率値の評価

$X_1, \cdots, X_n$ を独立な Bernoulli 試行の列とし，それぞれ $\mathbf{E}[X_i] = p$ であるが，この p が未知の値であるとする．Hoeffding 限界を用いると，この p の値を区間推定することができる．n 回の試行において，$X_i = 1$ となった回数を t とすると，p の推定値 $\hat{p}$ は $\hat{p} = t/n$ と考えるのが妥当である．いま，$Z = \sum_{i=1}^{n} X_i$ とおくと，$\hat{p} = Z/n$ であり，

$$\Pr[\hat{p} > p + \varepsilon] \leqq e^{-2n\varepsilon^2}$$

が導かれる．同様にして

$$\Pr[\hat{p} < p - \varepsilon] \leqq e^{-2n\varepsilon^2}$$

が導かれる．つまり，推定値 $\hat{p}$ が区間 $(p-\varepsilon, p+\varepsilon)$ に入る確率は $1 - 2e^{-2n\varepsilon^2}$ 以上となることが保証できる．いま，推定に失敗する確率を 2^{-m} 程度にしたい場合，必要なサンプル数は

$$n \geqq \frac{m-1}{\varepsilon^2 \log e}$$

となり，例えば，ε として $O(m^{-c})$ 程度でよければ，必要サンプル数は $O(m^{2c+1})$ となる．つまり，確率値の区間推定の幅が m の多項式の逆数程度で十分ならば，(m の)多項式個のサンプル数を用いて非常に高い確率 $(1-2^{-m})$

で区間推定に成功することを示している．

3.1.5 確率分布上の距離と混成分布の議論

「例外なく，ある性質が成立する」という言明は数学的には美しいかもしれないが，厳密過ぎることもあり，現実的には，「少しの例外は許しても，その例外は無視できるほど少なく，その例外を除くとある性質が成立する」ということを示せれば十分なことも多い．とはいえ，議論を曖昧に行うという意味ではない．「無視できる」という考え方を次のように定義する．関数 $\mu(n)$ が**無視できる**とは，任意の正多項式 $p(\cdot)$ に対して，ある n_0 が存在し，任意の $n \geq n_0$ において，$\mu(n) < 1/p(n)$ であるときをいう．たとえば，2^{-n} や $n^{-\log n}$ は無視できる関数であるが，n の多項式の逆数は無視できる関数ではない．

いま，$\{X_n\}_{n \geq 1}$ と $\{Y_n\}_{n \geq 1}$ を確率分布族とする．また，確率分布 X_n と確率分布 Y_n は集合 U_n 上で定義されているものとする．

$$d(X_n, Y_n) = \frac{1}{2} \sum_{u \in U_n} \left| \Pr[X_n = u] - \Pr[Y_n = u] \right|$$

は X_n と Y_n の距離となり，**統計的距離**と呼ぶ．U_n の (適当な順序で) i 番目の要素を u_i としたとき，確率分布を X_n を $|U_n|$ 次元のベクトル

$$\left(\Pr[X_n = u_1], \Pr[X_n = u_2], \cdots, \Pr[X_n = u_{|U_n|}] \right)$$

と同一視すると，d はベクトル空間での ℓ_1-距離になっている．$d(X_n, Y_n)$ が無視できる関数であるとき，$\{X_n\}_{n \geq 1}$ と $\{Y_n\}_{n \geq 1}$ は**統計的識別困難**と呼ばれる．

また，同値な定義として，

$$d(X_n, Y_n) = \max_{S_n \subset U_n} \left(\Pr[X_n \in S_n] - \Pr[Y_n \in S_n] \right)$$

があるので，状況に応じて使い分けるとよい．同値性については，U_n の各要素 u を $\Pr[X_n=u] - \Pr[Y_n=u]$ の値が非負か負であるかで分けて考えるとよい．実際，$S_n = \{u | \Pr[X_n=u] - \Pr[Y_n=u] \geq 0\}$ が上の定義の最大値を与えていることは容易に確認できよう．この定義は，(識別) アルゴリズム $\mathcal{D}$ によって X_n と Y_n を識別する方法を暗示している点で重要である．S_n を上の定義におけ

る最大値を達成する U_n の部分集合とする.アルゴリズム $\mathcal{D}$ として,確率分布 X_n あるいは Y_n にしたがって選ばれた要素 u を入力としたとき,$u \in S_n$ ならば1を出力し,そうでなければ0を出力するものを考えると,

$$\Pr[\mathcal{D}(X_n)=1] - \Pr[\mathcal{D}(Y_n)=1] = \Pr[X_n \in S_n] - \Pr[Y_n \in S_n] = \delta$$

となり,識別確率を統計的距離と一致させることができる.$\mathcal{D}$ が多項式時間乱択アルゴリズムの場合は $u \in S$ の判定が必ずしも多項式時間で可能でないので,$\mathcal{D}$ による識別確率は一般に統計的距離と一致しない.そこで,多項式時間乱択アルゴリズム $\mathcal{D}$ に対して,

$$d_{\mathcal{D}}(X_n, Y_n) \stackrel{\text{def}}{=} d(\mathcal{D}(X_n), \mathcal{D}(Y_n)) = \bigl| \Pr[\mathcal{D}(X_n)=1] - \Pr[\mathcal{D}(Y_n)=1] \bigr|$$

と定義し,任意の多項式時間乱択アルゴリズム $\mathcal{D}$ に対して $d_{\mathcal{D}}(X,Y)$ が無視できるとき,$\{X_n\}_{n \geq 1}$ と $\{Y_n\}_{n \geq 1}$ は計算量理論的識別困難と呼ばれる.ここで,$\mathrm{supp}(X_n)$ および $\mathrm{supp}(Y_n)$ の各要素は n の多項式サイズ以内で表現されるものと仮定する.$\mathcal{D}$ の出力を特に規定する必要はないが,$\{0,1\}$ に限定して考えてもよい.例えば,出力1は受理,出力0は拒否を表すとすると,$\mathcal{D}$ は何らかの判定をしているアルゴリズムであると考えることができ,$\{X_n\}_{n \geq 1}$ と $\{Y_n\}_{n \geq 1}$ が計算量理論的識別困難であるときは,識別アルゴリズム $\mathcal{D}$ は入力分布の差異を効率的には判定できないことを意味している.

確率分布族 $\{X_n\}_{n \geq 1}$ と $\{Y_n\}_{n \geq 1}$ が計算量理論的識別困難でないと仮定しよう.言い換えると,ある多項式時間乱択アルゴリズム $\mathcal{D}$ と正多項式 p が存在して,任意の n_0 に対して,ある $n \geq n_0$ が存在して,

$$\bigl| \Pr[\mathcal{D}(X_n)=1] - \Pr[\mathcal{D}(Y_n)=1] \bigr| > \frac{1}{p(n)}$$

が成立する.いま,新しい分布 $Z^{(k)}$ として X_n と Y_n の混成分布を次のように考える.X_n にしたがって得られる n ビットのビット列の前半 k ビットを u とし,Y_n にしたがって得られるビット列の後半 $n-k$ ビットを v としたとき,その連接 uv は $Z^{(k)}$ にしたがうとする.このとき,$Z^{(n)}$ は X_n に一致し,$Z^{(0)}$ は Y_n に一致する.また,$d(Z^{(0)}, Z^{(n)}) > 1/p(n)$ を仮定しているが,d は距離なので,ある i で

$$d(Z^{(i)}, Z^{(i+1)}) > \frac{1}{n \cdot p(n)}$$

が成立する．このように中間的な混成分布を構成して議論する方法を混成分布の議論(hybrid argument)と呼ぶ．

それでは，そのような i を見つける方法について述べる．期待値の議論のときと同様に，要件を緩和する必要があり，

$$d(Z^{(i)}, Z^{(i+1)}) > \frac{1}{3n \cdot p(n)}$$

を満たす i を見つけるアルゴリズムを述べる．いま，$p^{(i)} \stackrel{\text{def}}{=} \Pr[\mathcal{D}(Z^{(i)})=1]$ とし，確率値の評価での議論により，X_n および Y_n を多項式個サンプルして同数の $Z^{(i)}$ を構成し $\mathcal{D}(Z^{(i)})$ が 1 となる割合 $\hat{p}^{(i)}$ を考えると $1-2^{-n}$ 以上の確率で $|p^{(i)} - \hat{p}^{(i)}| > 1/6np(n)$ が成立するようにできる．このとき，すべての i で $|p^{(i)} - \hat{p}^{(i)}| > 1/6np(n)$ となる確率は $1 - n \cdot 2^{-n}$ 以上である．つまり，高い確率で，$|\hat{p}^{(i)} - \hat{p}^{(i+1)}| > 2/3np(n)$ となる i を見つけることができ，この i では $|p^{(i)} - p^{(i+1)}| > 1/3np(n)$ が保証されることになる．

3.1.6 和集合上界と包除原理

事象 $\mathcal{E}_1$ と $\mathcal{E}_2$ が独立であるとき，

$$\Pr[\mathcal{E}_1 \vee \mathcal{E}_2] = \Pr[\mathcal{E}_1] + \Pr[\mathcal{E}_2]$$

と書け，独立でない場合は

$$\Pr[\mathcal{E}_1 \vee \mathcal{E}_2] = \Pr[\mathcal{E}_1] + \Pr[\mathcal{E}_2] - \Pr[\mathcal{E}_1 \mathcal{E}_2] \leqq \Pr[\mathcal{E}_1] + \Pr[\mathcal{E}_2]$$

が成立する．2つ以上の和事象について，

$$\Pr\left[\bigvee_{i=1}^{n} \mathcal{E}_i\right] \leqq \sum_{i=1}^{n} \Pr[\mathcal{E}_i]$$

と書け，この不等式は和集合上界と呼ばれる．また，I が有限集合の場合，$\exists i \in I, \mathcal{E}_i$ という論理式は $\bigvee_{i \in I} \mathcal{E}_i$ と等価なので，

$$\Pr[\exists i \in I, \mathcal{E}_i] \leqq \sum_{i \in I} \Pr[\mathcal{E}_i]$$

という形の和集合上界もよく利用される．

和事象 $\bigvee_{i=1}^{n} \mathcal{E}_i$ は一般に，

$$\Pr\left[\bigvee_{i=1}^{n} \mathcal{E}_i\right] = \sum_{i=1}^{n} \Pr[\mathcal{E}_i] - \sum_{i<j} \Pr[\mathcal{E}_i \wedge \mathcal{E}_j] + \sum_{i<j<k} \Pr[\mathcal{E}_i \wedge \mathcal{E}_j \wedge \mathcal{E}_k]$$
$$- \cdots + (-1)^{\ell+1} \sum_{i_1<i_2<\cdots<i_\ell} \Pr\left[\bigwedge_{r=1}^{\ell} \mathcal{E}_{i_r}\right]$$

と書け，この関係式は**包除原理**と呼ばれる．和集合上界は包除原理の右辺の1項めだけを考慮した関係であり，和集合上界による上限が緩過ぎる場合には，3項めまでを考慮してもよい．

3.2 一方向性関数

関数 f をビット列からビット列への関数 $f: \{0,1\}^* \to \{0,1\}^*$ としよう．関数 f は入力長 n ごとの関数族 $\{f_n: \{0,1\}^n \to \{0,1\}^*\}_{n \geq 1}$ と考えたほうが便利な場合が多く，関数 f と関数族 $\{f_n\}_{n \geq 1}$ を同一視する．

関数族 $\{f_n\}_{n \geq 1}$ に関する性質は，当然，パラメータ n に依存する．特に n に依存した何らかの事象の確率は n の関数となり，その漸近的性質を考察していくことになる．

一方向性関数 f は，その計算は効率的に行うことができるが逆計算は平均的にも困難であるような関数である．形式的には，以下のように定義される．

定義 3.1 $f = \{f_n: \{0,1\}^n \to \{0,1\}^*\}_{n \geq 1}$ が**一方向性関数**であるとは，以下の条件を満たすときをいう．

順計算容易性 $x_n \in \{0,1\}^n$ が与えられたとき $f_n(x_n)$ を計算する多項式時間アルゴリズムが存在する．

逆計算困難性 任意の多項式時間乱択アルゴリズム $\mathcal{A}$ に対して，逆計算の成功確率(の関数)

$$q_{\mathcal{A}}(n) \stackrel{\mathrm{def}}{=} \Pr\left[f(A(f_n(U_n), 1^n)) = f_n(U_n)\right]$$

が無視できる．

ただし，U_n は長さ n のビット列上の一様分布のこととする． □

注意．この定義中の式において，1^n は 1 が n 個連なった長さ n の文字列のことである．$\mathcal{A}$ は $f_n(x_n)$ が与えられたとき，x_n を出力しようとするが，$f_n(x_n)$ の長さが極端に短いときは，多項式時間内に x_n を出力することができなくなってしまう．このような場合でも，問題設定として妥当性を失わないように，入力として 1^n を追加している．逆計算を計算する多項式時間アルゴリズムを考える場合，形式上この 1^n を追加する必要があるが，煩雑になるため以下では常に省略する．

上で一般の形の一方向性関数の定義を与えたが，値域に自由度が多く扱い難い．そのため，取り扱いが容易な一方向性関数のいくつかの変種を紹介する．

定義 3.2 一方向性関数 $f=\{f_n\colon \{0,1\}^n \to \{0,1\}^*\}_{n\geq 1}$ が**長さ正則**であるとは，ある $\ell(n)$ が存在して，任意の $x_n \in \{0,1\}^n$ で $f_n(x_n) \in \{0,1\}^{\ell(n)}$ を満たすときをいう．特に，$\ell(n)=n$ であるとき，f は**長さ保存**であるという． □

一方向性関数において，長さ正則や長さ保存という性質は特別な性質でない．実際に，任意の一方向性関数から長さ正則や長さ保存の一方向性関数が構成可能である．

定理 3.3 任意の一方向性関数から長さ正則の一方向性関数が構成可能である． □

［証明］いま，$f=\{f_n\colon \{0,1\}^n \to \{0,1\}^*\}_{n\geq 1}$ を一方向性関数とする．このとき，f を計算する多項式時間アルゴリズムが存在し，その計算時間を $t(n)$ とする．$|f_n(x_n)| \leq t(n)$ であることに注意しよう．$x_n \in \{0,1\}^n$ に対して，

$$f'_n(x_n) \stackrel{\text{def}}{=} f_n(x_n) 10^{t(n)-|f_n(x_n)|}$$

とすると，$f'_n(x_n)$ の長さは一定になる．一方向性が保存されることを示すのには帰着を利用する．つまり，$\mathcal{A}$ を f'_n の逆計算を行う多項式時間乱択アルゴリズムと仮定し，$\mathcal{A}$ を利用して f_n の逆計算を行う多項式時間乱択アルゴリズム $\mathcal{B}$ を構成できればよい．$\mathcal{B}$ への入力は $f_n(x)$ が与えられる．$\mathcal{B}$ は文字列 $f_n(x)$ の後ろに 10^* の形の文字列を追加し，全体で長さが $t(n)$ となるよ

うにする．つまり，$f_n(x)$ に対して $f_n(x)10^{t(n)-|f_n(x)|}$ を計算する．この計算は $O(t(n))$ あれば十分である．この $f_n(x)10^{t(n)-|f_n(x)|}$ を $\mathcal{A}$ へ与え，$\mathcal{A}$ からの返り値をそのまま $\mathcal{B}$ の出力とする．このとき，$f_n(x)10^{t(n)-|f_n(x)|}=f'_n(x)$ なので，$\mathcal{A}$ が逆計算に成功していれば，$\mathcal{B}$ も逆計算に成功する．∎

同様に，任意の一方向性関数から長さ保存の一方向性関数も構成できる．ただし，帰着を示すのに注意が必要で，上の証明では曖昧に議論していた点を明確にする必要がある．

定理 3.4 任意の一方向性関数から長さ保存の一方向性関数が構成可能である． □

［証明］ 定理 3.3 より，長さ保存の一方向性関数を仮定できる．いま，f を長さ正則の一方向性関数とし，入力長が n のとき，出力長を $\ell(n)$ とする．また，上の構成法より，$\ell(n) \geq n$ であることと，$f_n(x_n)$ の語尾は恒に 10^* となっていることを仮定できる．さらに，$\ell(n)$ を単調増加な多項式であると仮定しても一般性を失わない．なぜならば，$\ell(n)$ が非単調であれば，$\ell(n)$ を上回る単調関数を構成することは容易である．この単調性の性質により，$\ell(n)$ から n を一意に計算することは，二分探索をすることで n の多項式時間で計算可能である．

いまから，長さ保存の一方向性関数 f' を計算する方法を与える．$x \in \{0,1\}^n$ に対して，$f'_n(x)$ を計算するのに，まず $\ell(n') \leq n < \ell(n'+1)$ となる n' を見つける．このとき，$x = x_p x_s$, ただし，$|x_p| = n'$, $|x_s| = n - n'$ と書ける．さらに，$f_n(x_p)$ の長さが n に満たないときは，末尾に 0^* を追加することで，長さ保存の関数を実現する．具体的な構成は以下の通り．

$$f'_n(x) \stackrel{\text{def}}{=} f_n(x_p) 0^{n-\ell(n')}$$

ここで，f'_n は f_n と同様に末尾はつねに 10^* となっていることに注意しよう．

f'_n が一方向性関数であることの証明は帰着による．前述したように，少し注意深い議論が必要である．$\mathcal{A}$ を f'_n の逆計算を行う多項式時間乱択アルゴリズムと仮定し，$\mathcal{A}$ を利用して f_n の逆計算を行う多項式時間乱択アルゴリズム $\mathcal{B}$ を構成する．

より正確には，アルゴリズム $\mathcal{A}$ に対して，ある正多項式 p が存在して，任

意の n_0 に対して $n > n_0$ が存在して，

$$\Pr[f'_n(\mathcal{A}(f'_n(U_n))) = f'_n(U_n)] > \frac{1}{p(n)}$$

を満たすと仮定する．このとき「n_0 に対して n が存在して」の部分の n を n_1 とおこう．つまり，仮定の記述は「n_0 に対して $n_1 > n_0$ が存在して」と書ける．さらに，仮定の記述の n_0 の部分を n_1 とすると，仮定の記述は「n_1 に対して $n_2 > n_1$ が存在して」と書ける．このようにして構成される無限系列を $\{n_1, n_2, \cdots\}$ としたとき，アルゴリズム $\mathcal{B}$ はこの無限系列に含まれるパラメータで $\mathcal{A}$ を呼び出す必要がある．ただ，必要なパラメータを計算する手段は提供されていないので，パラメータの候補を網羅的に列挙することで対応する．

さて，帰着方法を示そう．$\mathcal{B}$ への入力として $f_n(x)$ が与えられるものとする．この入力長は $\ell(n')$ とおくことができ，n' の値を計算する．この入力 $f_n(x)$ から，

$$f_n(x),\ f_n(x)0,\ \cdots,\ f_n(x)0^{\ell(n'+1)-\ell(n')-1}$$

を作り，それぞれに対して $\mathcal{A}$ を呼び出す．各返り値に対して，長さ n' の語頭を計算し，これらを $z_1, z_2, \cdots, z_{\ell(n'+1)-\ell(n')}$ とする．$f_n(z_i) = f_n(x)$ かどうかチェックし，等式が成り立つような z_i を出力する．等式が成り立たなければ $\bot$ を出力する．この構成により，$\mathcal{A}$ が逆計算を正しく行うときには，$\mathcal{B}$ も正しく逆計算を行うことがわかる．ただし，確率関数に関しては，調整を行う必要がある．さて，

$$\begin{aligned}
&\Pr\left[f_n(\mathcal{B}(f_n(U_n))) = f_n(U_n)\right] \\
&> \min\left\{\frac{1}{p(\ell(n'))}, \frac{1}{p(\ell(n')+1)}, \cdots, \frac{1}{p(\ell(n'+1)-2)}, \frac{1}{p(\ell(n'+1)-1)}\right\} \\
&> \frac{1}{p(\ell(n'+1))} > \frac{1}{p(n+1)}
\end{aligned}$$

を満たすような，n の無限系列が存在することになる．また，$p(n+1)$ は n の多項式でもあるので，f_n は一方向性関数ではないことになる．つまり，定理の対偶が示されたことになる．■

長さに関する均一性については，一方向性を失うことなく仮定できることを

見たが，その他の均一性として逆像サイズの均一性がある．残念ながら，逆像サイズの均一性を仮定することは，一方向性関数の存在よりも強い仮定を設けることになる．特に，任意の一方向性関数から擬似乱数生成器を構成する際の1つの障壁となっている．例えば，以下で与える一方向性置換から擬似乱数生成器を構成することは比較的容易であるが，一般の一方向性関数から擬似乱数生成器を構成するには考慮すべき問題が多いことを見て行くことになる．

定義 3.5 長さ正則の一方向性関数 $f=\{f_n\colon \{0,1\}^n \to \{0,1\}^*\}_{n \geq 1}$ が $r(n)$-正則であるとは，任意の $x \in \{0,1\}^n$ で

$$|\{x \in \{0,1\}^n \mid f_n(x) = f_n(x_n)\}| = r(n)$$

となるときをいう．特に，長さ保存かつ 1-正則である一方向性関数を**一方向性置換**と呼ぶ． □

3.3 擬似乱数性と次ビット予測困難性

本節では，擬似乱数という性質が「擬似ランダムビットの部分文字列からそれに続くビットを予測することが困難である」という次ビット予測困難性で特徴付けられることを見る．この特徴付けは，擬似乱数生成器を構成するうえで重要な役割を担うことになる．

定義 3.6 $g=\{g_n\colon \{0,1\}^n \to \{0,1\}^{\ell(n)}\}_{n \geq 1}$ が擬似乱数生成器であるとは，$\ell(n)>n$ かつ $\{U_{\ell(n)}\}_{n \geq 1}$ と $\{g_n(U_n)\}_{n \geq 1}$ が計算量的識別困難であるときをいう． □

定義 3.7 $g=\{g_n\colon \{0,1\}^n \to \{0,1\}^{\ell(n)}\}_{n \geq 1}$ が**次ビット予測困難**であるとは，任意の多項式時間乱択アルゴリズム $\mathcal{A}$ に対して，および，任意の $0 \leq k < \ell(n)$ に対して，

$$q_{\mathcal{A},k}(n) \stackrel{\text{def}}{=} \Pr[\mathcal{A}(g(U_n)_{[1,k]}) = g(U_n)_{[k+1]}] - \frac{1}{2}$$

が無視できるときをいう．ただし，$w_{[i,j]}$ は w の i ビット目から j ビット目までの部分文字列を表し，$w_{[i]}$ は i ビット目を表すものとする． □

上の式において，1/2 を引いているが，ランダムに予想しても確率 1/2 で当

3.3 擬似乱数性と次ビット予測困難性

てることができる．そこで，1/2からどれくらい離れているのかを議論することで，予測アルゴリズムの有効性を議論できる．この量を一般に（アルゴリズム $\mathcal{A}$ の）識別度と呼ぶ．

定理 3.8 $g=\{g_n\colon \{0,1\}^n \to \{0,1\}^{\ell(n)}\}_{n\geq 1}$ が擬似乱数生成器であることと次ビット予測困難であることは同値である． □

［証明］ g が擬似乱数生成器であれば次ビット予測困難であることを示す．そのために，対偶として g が次ビット予測困難でなければ，つまり，ある多項式時間乱択アルゴリズム $\mathcal{A}$，正多項式 $p(n)$ とある k が存在して，g の語頭 k ビットを $\mathcal{A}$ に与えたとき，g の $k+1$ ビット目を $1/2+1/p(n)$ 以上の確率で予測できると仮定したとき，g の出力と $\ell(n)$ ビットの一様乱数を識別する多項式時間乱択アルゴリズム $\mathcal{D}$ が構成できることを示せばよい．$\mathcal{D}$ として，受け取った $\ell(n)$ ビットの入力を前半 k ビットと後半 $\ell(n)-k$ ビットに分け，前半の k ビットをアルゴリズム $\mathcal{A}$ に与える．$\mathcal{A}$ からの返り値をそのまま $\mathcal{D}$ の出力とする．$\mathcal{A}$ への入力が完全ランダムの場合，$k+1$ ビット目も完全ランダムなので，$\mathcal{A}$ の予測成功確率は $1/2$ である．一方で，$\mathcal{A}$ の入力が g の出力の場合，仮定より，その成功確率は $1/2+1/p(n)$ 以上である．つまり，識別度は $d_{\mathcal{D}}(n)\geq 1/p(n)$ となり，g は擬似乱数生成器ではない．

さて，上記で，k をどのように決定するのか議論していないが k をランダムに選択してもよい．ランダムな k の選択が正しい確率は $1/\ell(n)$ 以上なので，ランダムに k を選択する場合の $\mathcal{D}$ の成功確率は $d_{\mathcal{D}}(n)\geq 1/\ell(n)p(n)$ となり，g が擬似乱数生成器ではないことが示される．また，もう少し賢く k を見つける方法もある．各 i で確率値 $q_{\mathcal{A},i}(n)$ の推定を行うことにより，高い確率で k を見つけることができるので，本当は $\ell(n)$ 倍の損失は不要である．

次に，次ビット予測困難であれば擬似乱数生成器であることを示す．同様に対偶を考えるが，g の出力と一様ランダムとを識別できるアルゴリズム $\mathcal{D}$ の存在を仮定して，次ビットを予測するアルゴリズム $\mathcal{A}$ を構成すればよい．まず，ある正多項式 p が存在して，十分大きな n で，$d_{\mathcal{D}}(n)\geq 1/p(n)$ が成立すると仮定する．

以下のように混成分布を構成する．

$$Z^{(k)} = g_n(U_n)_{[1,k]} \| (U'_{\ell(n)})_{[k+1,\ell(n)]}$$

ここで，$U'_{\ell(n)}$ は長さ $\ell(n)$ のビット列全体の一様分布とする．また，$\|$ は連接を表す．このとき，$Z^{(0)} = U'_{\ell(n)}$ かつ $Z^{(\ell(n))} = g_n(U_n)$ であり，仮定より，

$$\delta_{\mathcal{D}}(Z^{(0)}, Z^{(\ell(n))}) \geqq \frac{1}{p(n)}$$

が成り立つ．混成分布の議論より，ある i で

$$\delta_{\mathcal{D}}(Z^{(i)}, Z^{(i+1)}) \geqq \frac{1}{\ell(n)p(n)}$$

が成り立つ．言い換えると，

$$\big| \Pr[\mathcal{D}(g_n(U_n)_{[1,i]} \| g_n(U_n)_{[i+1]} \| U_{\ell(n)-n-1}) = 1]$$
$$- \Pr[\mathcal{D}(g_n(U_n)_{[1,i]} \| U_1 \| U_{\ell(n)-n-1}) = 1] \big|$$
$$\geqq \frac{1}{\ell(n)p(n)}$$

$g_n(U_n)_{[1,i]} \| g_n(U_n)_{[i+1]}$ あるいは $g_n(U_n)_{[1,i]} \| U_1$ を入力とした場合，それに $U_{\ell(n)-n-1}$ を連接し，$\mathcal{D}$ を呼び出すアルゴリズムを $\mathcal{D}'$ とおくと，

$$\big| \Pr[\mathcal{D}'(g_n(U_n)_{[1,i]} \| g_n(U_n)_{[i+1]}) = 1] - \Pr[\mathcal{D}'(g_n(U_n)_{[1,i]} \| U_1) = 1] \big|$$
$$\geqq \frac{1}{\ell(n)p(n)}$$

と書き直せる．さらに，$g_n(U_n)_{[i+1]}$ と $g_n(U_n)_{[i+1]} \oplus 1$ を等確率で選択することは U_1 と同一分布なので，

(3.1) $\big| \Pr[\mathcal{D}'(g_n(U_n)_{[1,i]} \| g_n(U_n)_{[i+1]}) = 1]$
$\qquad - \Pr[\mathcal{D}'(g_n(U_n)_{[1,i]} \| g_n(U_n)_{[i+1]} \oplus 1) = 1] \big| \geqq \dfrac{2}{\ell(n)p(n)}$

がいえる．式(3.1)左辺の絶対値の中身が負の値のときは $\mathcal{D}'$ の出力値をビット反転するアルゴリズムを考えればよいので，一般性を失うことなく，

$$\Pr[\mathcal{D}'(g_n(U_n)_{[1,i]} \| g_n(U_n)_{[i+1]}) = 1]$$
$$- \Pr[\mathcal{D}'(g_n(U_n)_{[1,i]} \| g_n(U_n)_{[i+1]} \oplus 1) = 1] \geqq \frac{2}{\ell(n)p(n)}$$

と仮定する．ここで数え上げの議論を適用するため，

$$\Pr[\mathcal{D}'(g_n(x)_{[1,i]} \| g_n(x)_{[i+1]}) = 1]$$
$$- \Pr[\mathcal{D}'(g_n(x)_{[1,i]} \| g_n(x)_{[i+1]} \oplus 1) = 1] \geq \frac{1}{\ell(n)p(n)}$$

を満たす $x \in \{0,1\}^n$ を S_n とおくと $|S_n|/2^n \geq 1/\ell(n)p(n)$ がいえる．

$x \in S_1$ に対して，

$$p_0(x) = \Pr[\mathcal{D}'(g_n(x)_{[1,i]} \| 0) = 1], \qquad p_1(x) = \Pr[\mathcal{D}'(g_n(x)_{[1,i]} \| 1) = 1]$$

について考察する．ここで，確率値の区間推定の議論を用いて，$p_0(x)$ および $p_1(x)$ の推定値 $\hat{p}_0(x)$ および $\hat{p}_1(x)$ を求める．推定の精度として $\pm 1/8\ell(n)p(n)$ とする．つまり，

$$|p_0(x) - \hat{p}_0(x)| \geq \frac{1}{8\ell(n)p(n)}, \qquad |p_1(x) - \hat{p}_1(x)| \geq \frac{1}{8\ell(n)p(n)}$$

となるようにできる．このとき，圧倒的な確率で

$$\hat{p}_1(x) - \hat{p}_0(x) \geq \frac{3}{4\ell(n)p(n)}$$

が保証される．

さて，アルゴリズム $\mathcal{A}$ の動作を Algorithm 3 に記述する．

Algorithm 3 次ビット予測アルゴリズム $\mathcal{A}$

Input: $y \leftarrow g_n(U_n)_{[1,i]}$

y を利用して $\hat{p}_0$ および $\hat{p}_1$ の $\pm 1/4\ell(n)p(n)$ の精度で見積もり

if $\hat{p}_1 - \hat{p}_0 \geq 3/4\ell(n)p(n)$ then

  return 1

end if

if $\hat{p}_0 - \hat{p}_1 \geq 3/4\ell(n)p(n)$ then

  return 0

end if

return U_1

このアルゴリズム $\mathcal{A}$ に関して，$\Pr[\mathcal{A}(g_n(U_n)_{[1,i]}) = g_n(U_n)_{[i+1]}]$ を評価する．

$$\Pr[\mathcal{A}(g_n(U_n)_{[1,i]}) = g_n(U_n)_{[i+1]}]$$
$$= \Pr[\mathcal{A}(g_n(U_n)_{[1,i]}) = 1 \mid g_n(U_n)_{[i+1]} = 1] \cdot \Pr[g_n(U_n)_{[i+1]} = 1]$$
$$+ \Pr[\mathcal{A}(g_n(U_n)_{[1,i]}) = 0 \mid g_n(U_n)_{[i+1]} = 0] \cdot \Pr[g_n(U_n)_{[i+1]} = 0]$$
$$\geqq \Pr[\hat{p}_1(U_n) - \hat{p}_0(U_n) > 3/4\ell(n)p(n) \mid g_n(U_n)_{[i+1]} = 1]$$
$$\cdot \Pr[g_n(U_n)_{[i+1]} = 1]$$
$$+ \Pr[\hat{p}_0(U_n) - \hat{p}_1(U_n) > 3/4\ell(n)p(n) \mid g_n(U_n)_{[i+1]} = 0]$$
$$\cdot \Pr[g_n(U_n)_{[i+1]} = 0]$$

$x \in S_n$ であると仮定して,

$$g_n(U_n)_{[i+1]} = 1 \text{ の場合, } p_1(U_n) - p_0(U_n) > 1/2\ell(n)p(n) \text{ が}$$
$$g_n(U_n)_{[i+1]} = 0 \text{ の場合, } p_0(U_n) - p_1(U_n) > 1/2\ell(n)p(n) \text{ が}$$

圧倒的な確率で保証される. したがって, $x \in S_n$ の場合は, $\mathcal{A}$ は $g_n(U_n)_{[i+1]}$ の値を圧倒的な確率で推測している. $x \notin S_n$ の場合は, $\mathcal{A}$ の動作を完全にランダムな予測をするものとみなしても, $|S_n|/2^n \geqq 1/\ell(n)p(n)$ なので, 予測失敗の(無視できるほど小さい)確率を多めに差し引いても

$$\Pr[\mathcal{A}(g_n(U_n)_{[1,i]}) = g_n(U_n)_{[i+1]}] \geqq \frac{1}{2\ell(n)p(n)}$$

が保証される.

3.4 ハードコア述語

定義 3.9 一方向性関数 f に対して b がハードコア述語であるとは, b は多項式時間計算可能で, 任意の多項式時間乱択アルゴリズム $\mathcal{A}$ に対して

$$\Pr[\mathcal{A}(f_n(U_n)) = b(U_n)] - \frac{1}{2}$$

が無視できるときをいう. □

Goldreich と Levin は任意の一方向性関数 f に対して, それと少しだけ異なる一方向性関数 f' を定義し, その f' には必ずハードコア述語が存在すること

を示している.

定理 3.10(Goldreich-Levin 定理) f を一方向性関数とする.このとき,$x, r \in \{0,1\}^n$ に対して

$$f'_n(x, r) \stackrel{\text{def}}{=} (f(x), r)$$

は一方向性関数で,

$$b(x, r) = \bigoplus_{i=1}^{n} x_i r_i$$

は f' のハードコア述語である.ただし,x_i, r_i はそれぞれ x と r の i ビット目を表すものとする. □

証明のためには,b が f' のハードコア述語でないならば,f は一方向性関数でないことを示せばよい.つまり,b を $1/2$ より有意な確率で予測するアルゴリズムを用いて,f の逆計算を効率的に行うためのアルゴリズムを構築すればよい.具体的には,あるアルゴリズム $\mathcal{B}$ と正多項式 q が存在し,十分大きな n で

$$\Pr[\mathcal{B}(f_n(U_n), U'_n) = b(U_n, U'_n)] \geq \frac{1}{2} + \frac{1}{q(n)}$$

を満たすとき,十分大きな n で,

$$\Pr[f_n(\mathcal{A}(f_n(U_n))) = f_n(U_n)] \geq \frac{1}{p(n)}$$

を満たすような,多項式時間乱択アルゴリズム $\mathcal{A}$ と正多項式 p を構成する.

この証明は少々長いので,まずは $\mathcal{B}$ の成功確率が 100% である場合,アルゴリズム $\mathcal{A}$ をどのように構成するのかを見てみよう.

基本方針

いま,e_i を i ビット目だけが 1 で,その他のビットは 0 であるような n ビット文字列とする.このとき,$b(x, e_i) = x_i$ であるので,$\mathcal{B}(f(x), e_i)$ を呼び出すことにより,x_i が得られる.$i = 1, \cdots, n$ に対して,同様なことをすると,$x_1, \cdots, x_n$ が得られる.つまり,x が復元されることになる (Algorithm 4).

$\mathcal{B}$ が 100% 正解を返すならば,$\mathcal{A}$ も 100% 正しく f_n の逆計算を行っている.$\mathcal{B}$ が 100% 正解を返さないとしても,ある程度の確率で成功するならば,

Algorithm 4 予測が完全な場合の帰着

Input: $f_n(x)$
  for $i=1$ to n do
    $y_i \leftarrow \mathcal{B}(f_n(x), e_i)$
  end for
  $y \leftarrow y_1 y_2 \cdots y_n$
  if $f_n(y) = f_n(x)$ then
    return y
  else
    return $\bot$
  end if

$\mathcal{A}$ は一方向性関数 f の逆計算を行っていると考えられるだろう．このことを考えるにあたり，確率空間が何であるのかということを正確に把握しておくべきである．仮定より $\mathcal{B}$ の成功確率は $1/2+1/q(n)$ 以上あるがそれは x が一様に選択された場合であり，任意の x について，$\mathcal{B}(f(x), \cdot)$ の成功確率が $1/2+1/q(n)$ 以上あるわけではない．この問題を解決するために，期待値の議論が適用できる．いま，

$$S_n = \left\{ x \in \{0,1\}^n \mid \Pr[\mathcal{B}(f_n(x), U_n) = b(x, U_n)] \geq \frac{1}{2} + \frac{1}{2q(n)} \right\}$$

とすると，$|S_n|/2^n \geq 1/2q(n)$ となる．つまり，$x \in S_n$ を満たす x については，$\mathcal{B}$ の成功確率が $1/2+1/2q(n)$ 以上であることが保証されるのである．さて，基本方針では e_i について $\mathcal{B}$ に質問することになっていたが，この e_i が S_n に所属しないかもしれない．以下の方針として，S_n に所属する x のみ $f_n(x)$ の逆計算を行うことに専念する．例えば，$x \in S_n$ のとき，逆計算を行うアルゴリズム $\mathcal{A}$ の成功確率を τ とし，$x \notin S_n$ のときは $\mathcal{A}$ はまったく成功しないとしても，$\mathcal{A}$ の全体としての成功確率は

$$
\begin{aligned}
&\Pr[f_n(\mathcal{A}(f_n(U_n))) = f_n(U_n)] \\
&\quad = \Pr[f_n(\mathcal{A}(f_n(U_n))) = f_n(U_n) \mid U_n \in S_n]\Pr[U_n \in S_n] \\
&\quad\quad + \Pr[f_n(\mathcal{A}(f_n(U_n))) = f_n(U_n) \mid U_n \notin S_n]\Pr[U_n \notin S_n] \\
&\quad \geq \frac{\tau}{2q(n)}
\end{aligned}
\tag{3.2}
$$

となるので，$x \in S_n$ となる x について τ が正多項式の逆数程度になるように $\mathcal{A}$ を設計すればよい．$x \in S_n$ を前提としてよくなったので，

$$x \in \{0,1\}^n \mid \Pr[\mathcal{B}(f_n(x), U_n) = b(x, U_n)] \geq \frac{1}{2} + \frac{1}{2q(n)}$$

を仮定してよい．とはいえ，$\mathcal{B}$ の第 2 引数は一様に選択されることが前提となっていて，基本方針で見たように $\mathcal{B}$ への第 2 引数は e_i としたときに所望の結果が返ってくることが保証されているわけではない．ここで，ランダム自己帰着という考え方を用いる．$b(x,r)$ は内積なので，内積の線形性から，任意の s で，

$$b(x,r) = b(x, r+s) + b(x,s)$$

が成立する．これは $b(x, e_i)$ の値を得るのに，$\mathcal{B}(f(x), e_i)$ を利用するのではなく，ランダムな s を用いて，$\mathcal{B}(f(x), e_i+s)$ および $\mathcal{B}(f(x), s)$ の呼び出しを行い，その和を取るというアイデアが考えられる．それでも，検討すべき課題が残されている．$\mathcal{B}$ の第 2 引数が s を一様ランダムに選ぶことにより，$\mathcal{B}$ の成功確率が保証されるようになった点はよいが，e_i+s と s には相関があるということと，$\mathcal{B}$ を 2 回呼び出すので，エラーが 2 倍になるということである．

そこで，2 回呼び出しのうち一方は決め打ちをすることを考える．ただ，成功確率は $1/2 + 1/2q(n)$ 程度なので，多数決法を利用して確率増幅することを考えたいが，$O(\log n)$ の個数の決め打ちに留めて，全通りを試すというアプローチをとる．これが可能となるのは，ハードコア述語は $\{0,1\}$ 上の n 次元線形空間の内積だからであり，$\log n$ 個のランダムな基底ベクトルがあれば，それらの線形結合を利用すれば n 個のベクトルを考えることができるためである．つまり，基底に当たる質問だけ決め打ちを行い，基底の線形結合で表される質問には，決め打ちの線形結合で対応するということである．また，基底

ベクトルがランダムに選択された場合，基底ベクトルが張る線形空間内の任意の2つのベクトルは独立であるから，Chebyshev 不等式による大数の法則を用いた多数決が可能となる(完全に独立ではないので，Hoeffding 限界は利用できないことに注意しよう)．

議論を簡単にするため，$\mathcal{B}(f(x),r)$ の代わりとなるサブルーチン $\mathcal{B}'$ を以下のように定める．ただし，m は後で定めるものとする．

Algorithm 5 サブルーチン $\mathcal{B}'$

Input: $f_n(x), z, r_1, \cdots, r_m, b_1, \cdots, b_m$
  $c \leftarrow 0$
  for 非空な部分集合 $S \subseteq [1,m]$ **do**
    $\beta(S) \leftarrow \sum_{j \in S} b_j$
    $\rho(S) \leftarrow \sum_{j \in S} r_j$
    $c' \leftarrow \mathcal{B}(f_n(x), z+\rho(S)) \oplus \beta(S)$
        /* $\beta(S)$ は $\mathcal{B}(f_n(x), \rho(S))$ と一致することを想定 */
    $c \leftarrow c + c'$
  end for
  if $c \geq 2^m/2$ **then**
    return 1
  else
    return 0
  end if

サブルーチン $\mathcal{B}'$ の成功確率を評価しよう．

補題 3.11 $x \in S_n$ とする．任意の $z \in \{0,1\}^n$ において以下が成立する．

$$\Pr\left[\mathcal{B}'(f_n(x), z, r_1, \cdots, r_m, b_1, \cdots, b_m) \neq \langle x, z \rangle \mid b_1 = \langle x, r_1 \rangle, \cdots, b_m = \langle x, r_m \rangle \right] \leq \frac{1}{(q(n))^2 2^m}$$

□

[証明] $r_1, \cdots, r_m$ は一様ランダムなので，S が空集合でない限り，$\rho(S)$ は

$\{0,1\}^n$ 上の一様ランダムな値を取る．いま，条件付き確率の条件より，$\beta(S)$ は $\langle x, \rho(S) \rangle$ と一致することが保証されるので，for ループ中の c' の値は $1/2 + 1/2q(n)$ 以上の確率で $\langle x, z \rangle$ と一致する．

異なる S_1, S_2 に対して $\rho(S_1)$, $\rho(S_2)$ が独立になるかどうか検討しよう．いま，$i \in S_2 \setminus S_1$ としよう．このとき，$\rho(S_1)$ の決定には r_i は関与しないので，r_i を除く，$r_1, \cdots, r_m$ をランダムに決定し，まず $\rho(S_1)$ 定める．このとき，r_i を一様ランダムに選択することにより $\rho(S_2)$ もまた一様ランダムに変動する．つまり，for 中の c' は互いに独立である．この場合，Chebyshev 不等式による大数の法則が利用できて，多数決が誤る，つまり，サブルーチン $\mathcal{B}'$ が誤る確率は $1/(q(n))^2 2^m$ 以下となる． ∎

後は，基本方針にしたがって以下のようなアルゴリズムが構成できる．

Algorithm 6 一方向性関数の逆像計算アルゴリズム $\mathcal{A}$

Input: $f_n(x)$

    $r_1, \cdots, r_m \in \{0,1\}^n$
    for $(b_1, \cdots, b_m)$ from 0^n to 1^n **do**
      for k from 1 to n **do**
        $y_k = \mathcal{B}'(f_n(x), e_k, r_1, \cdots, r_m, b_1, \cdots, b_m)$
      end for
      $y = y_1 \cdots y_n$
      if $f_n(x) = f_n(y)$ **then**
        return y
      end if
    end for

上のアルゴリズム $\mathcal{A}$ を評価しよう．$\mathcal{A}$ が失敗するという事象は，ある k で $\mathcal{B}'(f_n(x), e_k, r_1, \cdots, r_m, b_1, \cdots, b_m)$ が失敗することと同値なので，この評価には和集合上界を用いると，$\mathcal{A}$ が失敗する確率は，$\mathcal{B}'$ の失敗確率の n 倍であることが導かれる．つまり，

$$\Pr[f_n(\mathcal{A}(f_n(x))) = f_n(x)] \geqq 1 - \frac{n}{(q(n))^2 2^m}$$

となる．例えば，$m = \log n + 2\log(1/q(n)) + 1$ と定めると，$\mathcal{A}$ は多項式時間で動作し，($x \in S_n$ のときの)$\mathcal{A}$ の成功確率は $1/2$ 以上となる．また，式(3.2)より，

$$\Pr[f_n(\mathcal{A}(f_n(U_n))) = f_n(U_n)] \geqq \frac{1}{q(n)}$$

がいえて，$\mathcal{A}$ は f の一方向性を破っているアルゴリズムとなっている．

注意． $\mathcal{B}'$ で用いる乱数 $r_1, \cdots, r_m$ を新しく選び直すことで，成功確率を上げることは可能だが，確率解析が大変になる割にはさほど改善されるわけではない．

3.5　一方向性置換と擬似乱数

$f_n(x)$ を一方向性置換とし，$b_n(x)$ をそのハードコア述語とする．$g_n(x)$: $\{0,1\}^n \to \{0,1\}^{n+1}$ を次のように定義する．

$$g_n(x) = f_n(x) \| b_n(x)$$

このとき，$g_n(x)$ は 1 ビット伸張する擬似乱数生成器である．f_n は置換なので x が一様に分布するとき，$f_n(x)$ も一様に分布する．つまり，$f_n(x)$ の前半 $i < n$ ビットが与えられても $i+1$ ビット目は一様ランダムなため，予測確率は $1/2$ である．$g_n(x)$ の前半 n ビット目が与えられたとき $n+1$ ビット目を予測することは $f_n(x)$ が与えられたとき，$b_n(x)$ を予測することなので，ハードコアの性質より，予測が困難である．つまり，$g_n(x)$ は次ビット予測困難な関数であり，3.3 節の議論より，$g_n(x)$ は擬似乱数となる．

さて，ハードコア述語を利用して，1 ビット伸張の擬似乱数生成器を得ることができたが，より伸張度の高い擬似乱数生成器を得るにはどうしたらよいだろうか．$g_n(x)$ が 1 ビット伸張する擬似乱数生成器ならば，それを繰り返し適用すれば伸張度の高い擬似乱数生成器となることが期待できる．実際，Algorithm 7 の構成により $g'_n(x)$: $\{0,1\}^n \to \{0,1\}^{\ell(n)}$ ($\ell(n) > n$) は擬似乱数生

Algorithm 7 $\ell(n)$ ビットの擬似乱数ビットを生成する擬似乱数生成器 g'_n
Input: $x \in \{0,1\}^n$
    $s_0 = x$
    for i from 1 to $\ell(n)$ **do**
        $o_i = g_n(s_{i-1})_{[1]}$
        $s_i = g_n(s_{i-1})_{[2,n+1]}$
    end for
    return $o_1 o_2 \cdots o_{\ell(n)}$

Algorithm 8 $\ell(n)$ ビットの擬似乱数ビットを生成する擬似乱数生成器
Input: $u \in \{0,1\}$, $x \in \{0,1\}^n$
    $s_1 = x$
    for i from 2 to $\ell(n)$ **do**
        $o_i = g_n(s_{i-1})_{[1]}$
        $s_i = g_n(s_{i-1})_{[2,n+1]}$
    end for
    return $u o_2 \cdots o_{\ell(n)}$

成器となる.

$g'_n(x)$ が擬似乱数生成器であることを確認しよう. それを議論するために, 仮想的に Algorithm 8 のようなアルゴリズムを考えよう.

x が一様に分布するとき(どのように分布しても) Algorithm 7 の $o_1 \cdots o_{\ell(n)-1}$ と Algorithm 8 の $o_2 \cdots o_{\ell(n)}$ は確率分布として一致する. 両者の本質的な差異は o_1 の部分だけである. $g_n(x)$ の出力は擬似ランダムビットなので, o_1 も擬似ランダムである. 一方 u は一様ランダムであり, $g'_n(x)$ が擬似ランダムであるかどうかは u と o_1 の差に帰着されるのである. つまり, 証明すべきは, $g'_n(x)$ と一様分布を識別するアルゴリズムが存在すると仮定できたとき, $g_n(x)$ と一様分布を識別するアルゴリズムが構成できてしまうことである. まず, $\delta_{\mathcal{D}}(g'_n(U_n), U_{\ell(n)}) \geq 1/p(n)$ とする. 後者の分布は $g'_n(x)$ の前半 $\ell(n)-1$

Algorithm 9 帰着アルゴリズム $\mathcal{D}'$

Input: $y \leftarrow g_n(U_n)$ または $y \leftarrow \{0,1\}^{n+1}$

$i \leftarrow \{1, 2, \cdots, n+1\}$

$z_1 \leftarrow U_i$

$z_2 \leftarrow g'_n(y_{[2,n+1]})_{[1,\ell(n)-i-1]}$

$b = \mathcal{D}(z_1 \| y_{[1]} \| z_2)$

return b

ビットに対してランダムの1ビットを前から連接したものと同様となっていることを考慮すると,混成分布の議論を適用するために,$H_k = U_k \| g'_n(U_n)_{[1,\ell(n)-k]}$ という混成分布を導入するのが自然である.いま,$H_0 = g'_n(U_n)$ であり,$H_k = U_k$ となっている.混成分布の議論より,ある i が存在して,$\delta_\mathcal{D}(H_i, H_{i+1}) \geqq 1/\ell(n)p(n)$ がいえる.さて,$g_n(x)$ と U_{n+1} を識別するアルゴリズムの構成の準備ができた.

$\mathcal{D}'$ において $y \leftarrow \{0,1\}^{n+1}$ ならば $y_{[1]}$ は一様分布なので,$z_1 \| y$ は U_{n+1} と同一であり,$y_{[2,n+1]}$ は n ビットの一様ランダムビットなので,z_2 は $g'_n(U_n)_{[1,\ell(n)-i-1]}$ と一致する.つまり,$\mathcal{D}$ への入力は H_{i+1} と一致している.一方,$\mathcal{D}'$ への入力が $y \leftarrow g_n(U_n)$ ならば,$y_{[1]}$ は $g'_n(U_n)_{[1]}$ と同一であり,z_2 が $g'_n(U_n)_{[2,\ell-i]}$ になるので,$\mathcal{D}$ への入力は H_i と一致している.$\mathcal{D}'$ では i をランダムに予測しているので,その正解確率は $1/(n+1)$ である.つまり,$\mathcal{D}'$ が識別に成功する確率は $1/(n+1)\ell(n)p(n)$ となり,$g_n(x)$ が擬似乱数生成器であるという仮定に矛盾する.よって,$g'_n(x)$ もまた擬似乱数生成器である.

さて,話を一方向性置換にもとづく擬似乱数生成器に戻そう.上記の議論から,一方向性置換が存在すれば,$\ell(n)$ が多項式の範囲で,ビット長を $\ell(n)$ とする擬似乱数生成器が構成できることがわかった.一方向性置換 $f_n(x)$ とそのハードコア述語 $b_n(x)$ を用いて,$g_n(x) = b_n(x) \| f_n(x)$ としたとき[*1],$\ell(n)$ ビットの擬似ランダムビットを出力するアルゴリズムは以下のように記述できる.

[*1] 前述の例とは順番が逆転しているが,整合性の問題であり,本質的な差異があるわけではない.

Algorithm 10 一方向性置換にもとづく $\ell(n)$ ビットの擬似乱数生成

Input: $x \in \{0,1\}^n$

   $s_0 = x$

   for i from 1 to $\ell(n)$ **do**

      $o_i = b_n(s_{i-1})$

      $s_i = f_n(s_{i-1})$

   end for

   return $o_1 o_2 \cdots o_{\ell(n)}$

このように記述すると，f_n を内部状態更新関数，b_n を出力関数と考えると，第2章でみた擬似乱数生成のパラダイムで記述される方法であることがわかる．この方法では，出力関数が1ビットのため，効率的とはいえない．そこで，ハードコア述語という考え方を一般化することを次節でみていく．

3.6 ハードコア関数

定義 3.12 一方向性関数 f_n に対して $h_n \colon \{0,1\}^n \to \{0,1\}^{\ell(n)}$ がハードコア関数であるとは，h は多項式時間計算可能で，任意の多項式時間乱択アルゴリズム $\mathcal{A}$ に対して

$$\big| \Pr[\mathcal{A}(f_n(U_n), h(U_n)) = 1] - \Pr[\mathcal{A}(f_n(U_n), U_{\ell(n)}) = 1] \big|$$

が無視できるときをいう． □

一般的にハードコア関数が構成できるかという問題は後述するとして，f_n が一方向性置換のとき，$g_n(x) = f_n(x) \| h_n(x)$ と定めると，定義から，g_n は擬似乱数生成器となる．ハードコア述語の場合と同様にして，より長い擬似ランダムビットを以下のように生成できる．

Algorithm 11　一方向性置換にもとづく擬似乱数生成（ハードコア関数版）

Input: $x \in \{0,1\}^n$

$s_0 = x$

for i from 1 to $\ell(n)$ **do**

　$o_i = h_n(s_{i-1})$

　$s_i = f_n(s_{i-1})$

end for

return $o_1 o_2 \cdots o_{\ell(n)}$

このようにすると，更新関数1回の適用あたり，擬似ランダムビットが $\tau(n)$ ビット出力できる．上記の方法で出力されるビット列が擬似ランダムであることは，ハードコア述語の場合と同様に，$h_n(x)$ が $f_n(x)$ のハードコア関数であることから導かれる．

さて，ハードコア関数の構成であるが，Goldreich-Levinのハードコア述語を一般化する方法で実現できる．

$f_n(x)$ に対して，$f'_n(x, r_1, r_2, \cdots, r_\ell) = (f_n(x), r_1, r_2, \cdots, r_\ell)$ という関数，ただし，$r_1, r_2, \cdots, r_\ell \in \{0,1\}^n$ を考える．このとき，f'_n に対して，$\ell \leq \log n$ ならば

$$h_n(x, r_1, r_2, \cdots, r_\ell) = b_n(x, r_1) \| b_n(x, r_2) \| \cdots \| b_n(x, r_\ell)$$

はハードコア述語である．まず，b_n はGoldreich-Levinのハードコア述語なので，$\ell=1$ の場合は，擬似乱数性と次ビット予測困難性の等価性の議論より，Goldreich-Levinのハードコア述語に一致する．

$f'_n(x, r_1, r_2, \cdots, r_\ell)$ がハードコア関数になることは，混成分布の議論を用いることで証明できる．具体的には

$$Z^{(i)} \stackrel{\text{def}}{=} (f_n(U_n), U_n^{(1)}, \cdots, U_n^{(\ell)}, b_n(U_n, U_n^{(1)}) \| \cdots \| b_n(U_n, U_n^{(i)}) \| U_{\ell-i})$$

を導入すると，$f'_n(x, r_1, r_2, \cdots, r_\ell)$ がハードコア関数であるという事実は $Z^{(0)}$ と $Z^{(\ell)}$ が計算論的識別困難であることに対応する．あとは，混成分布の議論を用いて，Goldreich-Levinのハードコア述語の安全性に帰着させることができる．

上記の構成法は単純ではあるが，乱数入力が非常に大きいという問題点がある．乱数を節約する方法も得られており，1つの方法を以下に示す．$f_n(x)$ に対して，$f'_n(x,r)=f_n(x)\|r$ とする．乱数入力長は $|r|=n+\log n$ とする．このとき，$f'_n(x,r)$ に対して，

$$h_n(x,r) = b_1(x,r)\|\cdots\|b_{\log n}(x,r)$$

はハードコア関数となる．ただし，$b_i = \sum_{j=0}^{n-1} x_i r_{i+j}$ とする．

3.7 一方向性関数と擬似乱数

3.5 節において，一方向性置換から擬似乱数生成器を構成する方法を見たが，一般の一方向性関数は一方向性置換ほど良い性質をもっていない．3.2 節で見たように長さ正則であるという条件は特別ではないので，この節では長さ正則な一方向性関数から擬似乱数生成器を構成する方法をみる．一方向性関数の入力を一様に分布させたとき，その出力分布は一様ではなく，どこに偏っているかわからない状況で平滑化させることが技術的な課題である．

3.7.1 Kullback-Leibler 情報量

確率変数 Y から確率変数 Z への **Kullback-Leibler 情報量**(以下，KL 情報量と略記)は以下のように定義される．

$$\mathbf{KL}(Y\|Z) = \sum_i \Pr[Y=i] \log \left(\frac{\Pr[Y=i]}{\Pr[Z=i]} \right)$$

ここで，$\log(\Pr[Y=i]/\Pr[Z=i])$ は $(-\log \Pr[Z=i])-(-\log \Pr[Y=i])$ のように情報量の差で表現されるので，KL 情報量とは平均的な情報量の差を表現している．ただし，ある i で $\Pr[Y=i]=0$ で $\Pr[Z=i]>0$ となる場合は不都合なので，便宜上 $\mathbf{KL}(Y\|Z)=+\infty$ と定義する．

また，条件付き KL 情報量を次のように定義する．同時確率変数 (X,A) から同時確率変数 (Y,B) への条件付き KL 情報量は

$$\mathbf{KL}((A|X)\|(B|Y))$$
$$= \sum_i \Pr[X=i] \sum_a \Pr[A=a|X=i] \log\left(\frac{\Pr[A=a|X=i]}{\Pr[B=a|Y=i]}\right)$$

と定義される．この条件付き KL 情報量については Shannon エントロピーの場合と同様に，連鎖律

(3.3) $\qquad \mathbf{KL}(X,A\|Y,B) = \mathbf{KL}(X\|Y) + \mathbf{KL}((A|X)\|(B|Y))$

が成立する．また，任意の関数 g に関して

(3.4) $\qquad\qquad \mathbf{KL}(g(A)\|g(B)) \leqq \mathbf{KL}(A\|B)$

が成立する．

　KL 情報量は常に非負（Gibbs の不等式）ではあるが，対称性がないため距離関数ではないことに留意すること．また，三角不等式も成立しない．

　さて，ここで KL 射影を説明しよう．$\mathcal{C}$ を Γ の値を取る確率変数の非空の閉凸集合とし，N を Γ の値を取るようなある確率変数とする．このとき，

$$M^* = \arg\min_{M \in \mathcal{C}} \mathbf{KL}(M\|N)$$

を満たす M^* が唯一存在し，$\mathcal{C}$ 上の N の **KL 射影**と呼ぶ．KL 射影に関して幾何的な性質があり，以下のようなピタゴラスの定理が成立する．

定理 3.13（ピタゴラスの定理）　$\mathcal{C}$ を Γ の値を取る確率変数の非空の閉凸集合とし，M^* を $\mathcal{C}$ 上の N の KL 射影とする．このとき，任意の $M \in \mathcal{C}$ に対して

$$\mathbf{KL}(M\|M^*) + \mathbf{KL}(M^*\|N) \leqq \mathbf{KL}(M\|N)$$

が成り立つ．特に，

$$\mathbf{KL}(M\|M^*) \leqq \mathbf{KL}(M\|N)$$

がいえる． □

　$\mathbf{KL}(M^*\|N)$ が有限とすると，定理 3.13 より，KL 射影 M^* は一意に決まる．自身が KL 射影である任意の $M \in \mathcal{C}$ に対して，定理 3.13 は $\mathbf{KL}(M\|M^*)$

=0 であることを要請し，これは $M=M^*$ のときだけ成立する．

KL射影を見つけることは計算量的に難しいかもしれないので，近似KL射影を考えることもある．M^* が $\mathcal{C}$ 上の N の σ-近似KL射影であるとは，任意の $M^* \in \mathcal{C}$ と任意の $M \in \mathcal{C}$ に対して，

$$\mathbf{KL}(M\|M^*) \leqq \mathbf{KL}(M\|N) + \sigma$$

であるときをいう．

3.7.2 擬似エントロピー

ここでは，計算量理論的な観点からのさまざまな種類のエントロピーが，一方向性関数から擬似乱数生成器を構成するにあたり，重要な役割を果たす．以下では，それらをまとめて定義しておく．まずは，通常の意味でのエントロピーについて確認しよう．確率変数 X に対して，平均(Shannon)エントロピー $\mathbf{H}(X)$，最小エントロピー $\mathbf{H}_\infty(X)$，（次数2の）Rényiエントロピー $\mathbf{H}_2(X)$ を

$$\mathbf{H}(X) = \mathbf{E}_{x \leftarrow X}\left[-\log \Pr[X=x]\right]$$
$$\mathbf{H}_\infty(X) = \min\left\{-\log \Pr[X=x]\right\}$$
$$\mathbf{H}_2(X) = -\log\left(\sum_{x \in \mathrm{supp}(X)} \Pr[X=x]^2\right)$$

とする．

定義 3.14 確率変数 X が k 以上の擬似エントロピーを持つとは，ある確率変数 Y が存在し，
(1) X と Y が計算論的識別困難で，
(2) $\mathbf{H}(Y) \geqq k$
を満たすときをいう． □

定義 3.15 (X, B) を同時確率変数とする．X が与えられているとき，B が k 以上の**条件付き擬似エントロピー**を持つとは，ある確率変数 C が存在し，
(1) (X, B) と (X, C) が計算論的識別困難で，
(2) $\mathbf{H}(C|X) \geqq k$

を満たすときをいう.

定義 3.17　同時確率変数 $(X_1, \cdots, X_m)$ が k 以上の次ブロック擬似最小エントロピーを持つとは，ある確率変数 $(Y_1, \cdots, Y_m)$ が存在して，

(1) $(X_1, \cdots, X_{i-1}, X_i)$ と　$(X_1, \cdots, X_{i-1}, Y_i)$ が計算論的識別困難で，

(2) $\sum_i \mathbf{H}_\infty(Y_i|X_1, \cdots, X_{i-1}) \geqq k$

を満たすときをいう.

3.7.3　一方向性関数から KL 予測困難

ここでは，一方向性関数から擬似乱数生成器の構成へ向けた第 1 ステップである，f が一方向性関数であれば，f に関するある分布は KL 予測困難と呼ばれる性質を満たすことをみる.

KL 予測困難と呼ばれる概念を定義するにあたり，いくつかの準備を行う.

$(X, C) \in \{0, 1\}^n \times [q]$ を同時確率分布とし，$C(a|x) = \Pr[C = a|X = x]$ と定める．また，任意の関数 $h\colon \{0, 1\}^n \times [q] \to (0, +\infty)$ に対して，

$$C_h(a|x) = \frac{h(x, a)}{\sum_b h(x, b)}$$

のように確率分布を定めるものとする.

(X, B) を $\{0, 1\}^n \times [q]$ 上の確率変数とする．関数 $h\colon \{0, 1\}^n \times [q] \to (0, +\infty)$ が，X が与えられたときの B に対する δ-**KL 予測器**であるとは，

$$\mathbf{KL}(X, B \| X, C_h) \leqq \delta$$

であるときをいう．関数 h を関数族からの分布 H から選択する場合，確率的な予測器 H に対して，

$$\mathbf{E}_{h\leftarrow H}[\mathbf{KL}(X,B\|X,C_h)] \leq \delta$$

を満たすとき，h を δ-KL 予測器であるという．

さらに，H としてアルゴリズムが誘導する分布である場合を考えたい．この場合，$O_{X,B}$ を介して (X,B) をサンプリングするような，実行時間 t の乱択オラクルアルゴリズム $H\colon \{0,1\}^n\times[q]\to(0,+\infty)$ を考える[*2]．実行時間 t の乱択オラクルアルゴリズム $H^{O_{X,B}}$ を任意に考えても，十分大きな n について，$H^{O_{X,B}}$ は X が与えられたときの B に対する δ-KL 予測器にならないとき，X が与えられたときの B は (t,δ)-**一様 KL 予測困難**であると呼ぶ．

一方向性関数と KL 予測困難性をつなぐための中間的な概念として，KL サンプリング予測困難と呼ばれる概念を導入する．実行時間 t の乱択オラクルアルゴリズム $S\colon \{0,1\}^n\times[q]\to(0,\infty)$ を任意に考えても，十分大きな n について，$\mathbf{KL}(X,B\|X,S^{O_{X,b}}(X))>\delta$ であるとき，X が与えられたときの B は (t,δ)-**一様 KL サンプリング予測困難**であると呼ぶ．

一様 KL 予測困難と一様 KL サンプリング予測困難には以下のような関係が成立する．

補題 3.18 $(X,B)\in\{0,1\}^n\times[q]$ を同時確率変数とする．また，q や δ は n の多項式時間で計算可能であるとする．このとき，X が与えられたときの B は (t,δ)-一様 KL サンプリング予測困難なら，$(\Omega(t/(q+n)),\delta)$-一様 KL 予測困難でもある． □

［証明］X が与えられたときの B は (t',δ)-一様 KL 予測困難でないと仮定する．つまり，実行時間が t' のオラクルアルゴリズム H が存在して，$H^{O_{X,B}}$ を関数 $h\colon \{0,1\}^n\times[q]\to(0,+\infty)$ 上の確率分布と見なしたとき，無限に多くの n で

$$\mathbf{E}_{h\leftarrow H^{O_{X,B}}}[\mathbf{KL}(X,B\|X,C_h)] \leq \delta$$

[*2] サンプリングオラクルを考える理由は本質的というよりも技術的な理由であり，識別不可能性に対して混成分布の議論が利用できるようにするためである．例えば，有限体において k 次多項式上の点をいくつかサンプリングするという状況において，k 個までは独立にサンプリングできるが，$k+1$ 個以上では独立性は保たれなくなる．そのような状況を予め排除しておくための便法である．

が成立する．このとき，$\mathbf{E}_h[C_h(a|x)]$ の分布に従って $S(x)=a$ となるようにサンプリングアルゴリズム S を構成することができる．具体的には，H の内部コイントスをランダムに選択固定して h を選択させ，その後のランダムな要因は，オラクル $O_{X,B}$ からの返り値だけにすればよい．$\mathbf{KL}(X,B\|X,\cdot)$ の凸性から

$$\mathbf{KL}(X,B\|X,S(X)) = \mathbf{KL}(X,B\|X,C_{H^{O_{X,B}}}) \leqq \mathbf{E}_h[\mathbf{KL}(X,B\|X,C_h)] \leqq \delta$$

がいえる．これは B が $t'=\Omega(t/(q+n))$ に対して，(t,δ)-一様KLサンプリング予測困難であることに矛盾する． ∎

定理3.19 f が (t,γ)-一方向性関数であるとき，U_n は $f(U_n)$ が与えられたときに，$(t',\log(1/\gamma))$-一様KLサンプリング予測困難である．ただし，$t'=t/\mathrm{poly}(n)$ とする． □

［証明］ U_n が $f(U_n)$ が与えられたとき，$(t',\log(1/\gamma))$-一様KLサンプリング予測困難でないと仮定する．つまり，実行時間 t' のある乱択オラクルアルゴリズム S が存在して，

$$\mathbf{KL}\big(f(U_n),U_n\|f(U_n),S^{O_{f(U_n),U_n}}(f(U_n))\big) \leqq \log\frac{1}{\gamma}$$

が成立する．関数 $g(y,x)$ を

$$g(x,y) = \begin{cases} 1 & (f(x)=y \text{ のとき}) \\ 0 & (f(x)\neq y \text{ のとき}) \end{cases}$$

とし，式(3.4)より，

$$\mathbf{KL}\big(g(f(U_n),U_n)\|g(f(U_n),S^{O_{f(U_n),U_n}}(f(U_n)))\big) \leqq \log\frac{1}{\gamma}$$

が成立する．$g(f(U_n),U_n)$ の値は常に1であり，かつ，確率

$$p \stackrel{\mathrm{def}}{=} \Pr[S^{O_{f(U_n),U_n}}(f(U_n))=f(U_n)]$$

で $g(f(U_n),S^{O_{f(U_n),U_n}}(f(U_n)))=1$ となる．確率1のBernoulli試行から確率 p のBernoulli試行へのKL情報量は $\log(1/p)$ なので，$p\geqq\gamma$ でなければならない．つまり，

3.7 一方向性関数と擬似乱数 ◆ 63

$$\Pr[S^{O_{f(U_n)},U_n}(f(U_n)) = f(U_n)] \geqq \gamma$$

となる．$O_{f(U_n),U_n}$ は多項式時間 (poly(n) 時間) でシミュレーションできるので，f が (t,γ)-一方向性関数であるということに矛盾する．ここで，$t = t' \cdot \mathrm{poly}(n)$ である． ∎

3.7.4 KL 予測困難から条件付き擬似エントロピーへ

前項にて，一方向性関数を仮定すると，KL 予測困難な分布が構成できることを見たが，本項では，KL 予測困難な分布から条件付き擬似エントロピー分布が構成できることを見る．

定理 3.20 n をセキュリティパラメータとし，$\delta = \delta(n) > 0$, $t = t(n) \in \mathbb{N}$, $\varepsilon = \varepsilon(n) > 0$, $q = q(n)$ はすべて n の多項式時間で計算可能であるとする．(X, B) を $\{0,1\}^n \times [q]$ から値を取る確率変数とする．もし，X が与えられているときの B が (t, δ)-一様 KL 困難ならば，$t' = t^{\Omega(1)}/\mathrm{poly}(n, q, 1/\varepsilon)$ に対して，B は $\mathbf{H}(B|X) + \delta - \varepsilon$ 以上の (t', ε)-条件付き擬似エントロピーを持つ． □

証明の流れは，条件付き擬似エントロピー分布と条件付きで真にエントロピーを持つ分布と識別できるならば，その識別アルゴリズムを利用して KL 予測器が構成できることを示すことである．この過程はそう複雑ではないもののその正当性を検証するのはやや煩雑である．

まず，証明全体の概略を見てみよう．基本的なアイデアは以下の通りである．

(1) 識別器の概念を一般化した汎用識別器を利用する．通常の識別器が $\{0,1\}$ を出力することにより入力を判定するのに対して，汎用識別器は実数値を出力する．D_1, D_2 を汎用識別器とすると，実数値を出力するという性質より，$D_1 + D_2$ や kD_1 も汎用識別器となり，この性質が重要な役割を果たす．

(2) 単一の汎用識別器ではなく，複数の汎用識別器を確率的に組み合わせて利用する．これは，分布を選ぶプレーヤと汎用識別器を選ぶプレーヤ間の 2 プレーヤゲームの混合戦略に対応する．ミニマックス定理より，どんな分布に対しても最適な混合戦略が存在するが，その最適混合戦略をどのよう

に見つけるのかという問題があり，これに対して一様版ミニマックス定理を考えることで対応する．2プレーヤゲームの観点からは，先に汎用識別器を選び，もう一方のプレーヤが分布を選ぶ設定も考えられるが，そもそも分布は確率的重ね合わせに閉じているので相手のプレーヤの利益を最小にするような最適混合戦略は存在しない．

(3) 識別器ごとにそれを利用して条件付き KL 情報量の見積もりを与える．
(4) 最良の見積もりを与える識別器を利用して，目的の KL 情報量の予測を行う．

上述したアイデアを1つひとつ詳細に考察してから，本項の最後で証明を完結させるものとする．

汎用識別器

汎用識別器 D は非負実数を出力する確率的アルゴリズムである．入力 x に対して，その出力を $D(x)$ とする．前述したように，汎用識別器 D_1, D_2 に対して，D_1+D_2 や kD_1 ($k≧0$) も汎用識別器であり，入力 x に対して，それぞれ $D_1(x)+D_2(x)$ および $kD_1(x)$ を出力する．汎用識別器 D において，確率変数 X と Y の識別度を

$$Adv_D(X,Y) = \mathbf{E}[D(X)] - \mathbf{E}[D(Y)]$$

と定義する．同時確率分布 $(X,B), (X,C)$ の識別度は

$$\begin{aligned}Adv_D((X,B),(X,C)) &= \mathbf{E}[D(X,B)] - \mathbf{E}[D(X,C)] \\ &= \mathbf{E}_X\left[\sum_a D(X,a)(B(a|X) - C(a|X))\right]\end{aligned}$$

のように展開される．ここで，汎用識別器 D に対して，確率変数 $\mathbf{2}^D$ を

$$\mathbf{2}^D(a|x) = \frac{2^{D(x,a)}}{\sum_b 2^{D(x,b)}}$$

のように定める．この分布を導入する利点は，任意の汎用識別器 D に対して，$C=\mathbf{2}^{kD}$ ($k≧0$) は，$\mathbf{H}(C|X)≧r=\mathbf{H}(\mathbf{2}^{kD},X)$ を満たす任意の C に対して，

$Adv_D((X,B),(X,C))$ を最小化することである．

最小を達成することは（近似 KL 射影の箇所で）後述するので，ここでは KL 情報量と $\mathcal{D}$ による識別度の関係を見ていく．

補題 3.21 (X,B) を $\{0,1\}^n \times [q]$ の値を取る確率変数とし，D を汎用識別器とする．このとき，

$$\mathbf{KL}(X, BX, \mathbf{2}^D) = \mathbf{H}(\mathbf{2}^D|X) - \mathbf{H}(B|X) - Adv_D((X,B),(X,\mathbf{2}^D))$$

が成り立つ． □

［証明］

$$\begin{aligned}
&\mathbf{KL}(X, BX, \mathbf{2}^D) \\
&= \mathbf{E}\left[\sum_a B(a|X) \log \frac{B(a|X)}{\mathbf{2}^D(a|X)}\right] \\
&= \mathbf{H}(\mathbf{2}^D|X) - \mathbf{H}(B|X) + \mathbf{E}_X\left[\sum_a (B(a|X) - \mathbf{2}^D(a|X)) \log \frac{1}{\mathbf{2}^D(a|X)}\right] \\
&= \mathbf{H}(\mathbf{2}^D|X) - \mathbf{H}(B|X) \\
&\quad + \mathbf{E}_X\left[\sum_a (B(a|X) - \mathbf{2}^D(a|X))\left(\log\left(\sum_b 2^{D(X,b)}\right) - D(X,a)\right)\right] \\
&= \mathbf{H}(\mathbf{2}^D|X) - \mathbf{H}(B|X) - \mathbf{E}_X\left[\sum_a D(X,a)(B(a|X) - \mathbf{2}^D(a|X))\right] \\
&= \mathbf{H}(\mathbf{2}^D|X) - \mathbf{H}(B|X) - Adv_D((X,B),(X,\mathbf{2}^D))
\end{aligned}$$

■

この補題の直観的な解釈は，汎用識別器 D による B と $\mathbf{2}^D$ の識別度が高ければ，$\mathbf{2}^D$ は B のよい KL 予測器になっていると見なせることである．以下は，その議論のための第一ステップである．

補題 3.22 (X,B) を $\{0,1\}^n \times [q]$ の値を取る確率変数とし，ある $\delta \geq 0$ に対して $\mathbf{H}(B|X) \leq \log q - \delta$ を満たすと仮定する．また，$\varepsilon > 0$ および D は汎用識別器で $\mathbf{H}(C|X) \geq \mathbf{H}(B|X) + \delta$ を満たす任意の C で $Adv_D((X,B),(X,C)) > \varepsilon$ が成り立つものとする．このとき，$\mathbf{KL}(X,B\|X,\mathbf{2}^{kD}) \leq \delta$ を満たす $k \in [0, (\log q)/\varepsilon]$ が存在する． □

［証明］ $k_0 = (\log q)/\varepsilon$ とおく．まず，$\mathbf{H}(\mathbf{2}^{kD}|X) = \mathbf{H}(B|X) + \delta$ を満たす $k \in [0, k_0]$ が存在することを示す．補題 3.21 より

$$Adv_D((X,B),(X,\mathbf{2}^{k_0 D}))$$
$$= \frac{1}{k_0}(\mathbf{H}(\mathbf{2}^{k_0 D}|X) - \mathbf{H}(B|X) - \mathbf{KL}(X,B\|X,\mathbf{2}^{k_0 D})) \leq \frac{\log q}{k_0} = \varepsilon$$

が成り立つ．仮定より，$\mathbf{H}(\mathbf{2}^{k_0 D}|X) < \mathbf{H}(B|X) + \delta$ がいえる．いま，

(i) $\mathbf{H}(\mathbf{2}^{k_0 D}|X) < \mathbf{H}(B|X) + \delta$

(ii) $\mathbf{H}(\mathbf{2}^0|X) = \log q \geq \mathbf{H}(B|X) + \delta$ および

(iii) $\mathbf{H}(\mathbf{2}^{kD}|X)$ は $k \in [0, +\infty)$ の範囲で連続関数

なので，中間値の定理より，$\mathbf{H}(\mathbf{2}^{kD}|X) = \mathbf{H}(B|X) + \delta$ を満たす $k \in [0, k_0]$ が存在する．このような k に対して，補題3.21より

$$\mathbf{KL}(X,B\|X,\mathbf{2}^{kD}) = \mathbf{H}(\mathbf{2}^{kD}|X) - \mathbf{H}(B|X) - Adv_{kD}((X,B),(X,\mathbf{2}^{kD}))$$
$$= \delta - k \cdot Adv_D((X,B),(X,\mathbf{2}^{kD}))$$
$$\leq \delta - k\varepsilon \leq \delta$$

が成立する． ∎

一様版ミニマックス定理

定理3.20を証明するために，計算時間 t' の乱択オラクルアルゴリズム D が存在して，無限に多くの n と $\mathbf{H}(C|X) \geq \mathbf{H}(B|X) + \delta - \varepsilon$ を満たす任意の C で $D^{O_{X,B,C}}$ は (X,B) と (X,C) との識別度は ε 以上である，と仮定することから始める．

上の仮定は，確率分布 C と汎用識別器 D との関係に関するものだが，この性質を議論するのに，確率分布 C を選択するプレーヤ1と汎用識別器 D を選択するプレーヤ2とのゼロ和ゲームを考える．プレーヤ1は $[q]$ の値を取る確率変数 C を $\mathbf{H}(C|X) \geq \mathbf{H}(B|X) + \delta - \varepsilon$ を満足する範囲で選択する．プレーヤ2はサイズ t' の汎用識別器 D を選択する．プレーヤ2の利得は $Adv_D((X,B),(X,C))$ と定める．

$\mathbf{H}(B|X) + \delta - \varepsilon$ 以上の条件付き擬似エントロピーを持つ分布の確率的結合は同じく $\mathbf{H}(B|X) + \delta - \varepsilon$ 以上の条件付き擬似エントロピーを持つので，プレーヤ2の利得を ε 以下にするようなプレーヤ1の最適混合戦略は存在しない．

ミニマックス定理より，プレーヤ2はプレーヤ1の選択にかかわらず，ε よ

り大きな期待利得を実現する混合戦略が存在する．つまり，サイズ t' の汎用識別器の凸結合が存在し，$\mathbf{H}(C|X) \geqq \mathbf{H}(B|X) + \delta - \varepsilon$ を満たす任意の C に対して $Adv_D((X, B), (X, C)) > \varepsilon$ を満たす．この混合戦略によるサイズ t' の汎用識別器の凸結合を万能識別器と呼ぶ．

まず，一様版ミニマックス定理の中で利用する技術に関する補題を示す．一様版ミニマックス定理において，汎用識別器の混合戦略を考えることになるが，KL情報量を減らすように重みを変更していく．以下はその更新法に関するものである．

補題 3.23 A, B を $[N]$ 上の確率分布とし，$f\colon [N] \to [0,1]$ を任意の関数とする．任意の $0 \leqq \varepsilon \leqq 1$ に対して，確率変数 A' を

$$A'(x) \propto e^{\varepsilon \cdot f(x)} A(x)$$

のように定義すると

$$\mathbf{KL}(B\|A') \leqq \mathbf{KL}(B\|A) - (\log e) \cdot \varepsilon \cdot (\mathbf{E}[f(B)] - \mathbf{E}[f(A)]) - \varepsilon$$

が成り立つ． □

［証明］ 定義より

$$\begin{aligned}
\mathbf{KL}(B\|A) - \mathbf{KL}(B\|A') &= \sum_x B(x) \left(\log \frac{B(x)}{A(x)} - \log \frac{B(x)}{A'(x)} \right) \\
&= \sum_x B(x) \log \frac{A'(x)}{A(x)} \\
&= \sum_x B(x) \left(\log \frac{e^{\varepsilon f(x)}}{\sum_y e^{\varepsilon f(y)} A(y)} \right) \\
&= (\log e) \left(\varepsilon \mathbf{E}[f(B)] - \ln \left(\sum_y e^{\varepsilon f(y)} A(y) \right) \right)
\end{aligned}$$

$0 \leqq z \leqq 1$ の範囲では $1+z \leqq e^z \leqq 1+z+z^2$ が成立することと，$0 \leqq f(x) \leqq 1$ であることより，

$$\mathbf{KL}(B\|A) - \mathbf{KL}(B\|A')$$
$$\geqq (\log e)\left(\varepsilon E[f(B)] - \ln\left(\sum_y (1+\varepsilon f(y)+\varepsilon^2)A(y)\right)\right)$$
$$= (\log e)(\varepsilon E[f(B)] - \ln(1+\varepsilon E[f(A)]+\varepsilon^2))$$
$$\geqq (\log e)(\varepsilon E[f(B)] - (\varepsilon E[f(A)]+\varepsilon^2))$$
$$= (\log e)\varepsilon(E[f(B)] - E[f(A)] - \varepsilon)$$

が成り立つ. ■

以下が, ミニマックス戦略を見つける方法に関する基本定理である.

定理 3.24(一様版ミニマックス定理) 2プレーヤのゼロ和ゲームにおいて, プレーヤ1の純粋戦略集合を $\mathcal{V} \subseteq \{[N]\text{上の確率分布}\}$ とし, プレーヤ2の純粋戦略集合を $\mathcal{W}$ とする. また, プレーヤ2の利得を, ある関数 $f: [N] \times \mathcal{W} \to [-k, k]$ を用いて, $F(V, W) = \mathbf{E}_{v \leftarrow V}[f(v, W)]$ と定義されているものとする. このとき, 任意の $0 < \varepsilon \leqq 1$ および $\sigma = \varepsilon^2$ に対して, 以下で示すミニマックス戦略発見アルゴリズム中の繰り返し数が $S = \max_{V \in \mathcal{V}} \mathbf{KL}(V \| V^{(1)})/\varepsilon^2$ であるとき, ミニマックス戦略発見アルゴリズムが見つけるプレーヤ2の混合戦略 W^* は, 任意の $V \in \mathcal{V}$ に対して

$$F(V, W^*) \geqq Avg_i(F(V^{(i)}, W^{(i)})) - O(k\varepsilon)$$

を満たす. (この性質はアルゴリズム中の $W^{(i)}$ および $V^{(i+1)}$ の選択によらない). 特に, $V^{(1)} = U_{[N]} \in Conv(\mathcal{V})$ の場合は, 繰り返し数を $S = (\log N - \min_{V \in \mathcal{V}} \mathbf{H}(V))/\varepsilon^2$ とすることができる. □

定理3.24の証明を与える前に, 一様版ミニマックス定理が通常のミニマックス定理を含意していることを確認しておこう. 通常のミニマックス定理は以下のように表される.

$$\max_{W \in Conv(\mathcal{W})} \min_{V \in \mathcal{V}} F(V, W) = \min_{V \in Conv(\mathcal{V})} \max_{W \in \mathcal{W}} F(V, W)$$

まず, プレーヤ1の混合戦略 $V^{(i)}$ に対して, プレーヤ2は最適戦略 $W^{(i)}$ を取るものとする. このとき,

Algorithm 12 ミニマックス戦略発見アルゴリズム

初期値 $V^{(1)} \in Conv(\mathcal{V})$ を適当に選択
for i from 1 to S **do**
   任意の $W^{(i)} \in \mathcal{W}$ を選択
   $V^{(i)'} \propto e^{-\varepsilon f(x, W^{(i)})/2k} V^{(i)}(x)$ にしたがって $V^{(i)'}$ の重み設定
   $V^{(i+1)} \leftarrow Conv(\mathcal{V})$ 上の $V^{(i)'}$ の任意の σ-近似KL射影を選択
end for
return $W^{(1)}, \cdots, W^{(S)}$ 上の一様分布 W^*

$$F(V^{(i)}, W^{(i)}) = \max_{W \in \mathcal{W}} F(V^{(i)}, W)$$

が成立している．一様版ミニマックス定理は，任意の $\lambda = O(k\varepsilon) > 0$ に対してある $W^* \in Conv(\mathcal{W})$ が存在して，

$$\min_{V \in \mathcal{V}} F(V, W^*) \geqq Avg_i(F(V^{(i)}, W^{(i)})) - \lambda$$
$$= Avg_i \max_{W \in \mathcal{W}} F(V^{(i)}, W) - \lambda$$
$$\geqq \min_{V \in Conv(\mathcal{V})} \max_{W \in \mathcal{W}} F(V, W) - \lambda$$

を満たす．最後の不等式が成立する理由は，任意の i で

$$\max_{W \in \mathcal{W}} F(V^{(i)}, W) \geqq \min_{V \in Conv(\mathcal{V})} \max_{W \in \mathcal{W}} F(V, W)$$

だからである．よって，すべての $\lambda > 0$ で

$$\max_{W \in \mathcal{W}} \min_{V \in \mathcal{V}} F(V^{(i)}, W) \geqq \min_{V \in Conv(\mathcal{V})} \max_{W \in \mathcal{W}} F(V, W) - \lambda$$

が成立する．ここで，$\lambda \to 0$ とすることにより，通常のミニマックス定理を得る．

一様版ミニマックス定理(定理3.24)の証明をしよう．
［証明］ 任意の $V \in \mathcal{V}$ を考える．補題3.23より

70 ◆ 3 擬似乱数生成のための計算量理論

$$\mathbf{KL}(V\|V^{(i)'}) \leqq \mathbf{KL}(V\|V^{(i)}) - (\log e)\cdot\varepsilon\cdot\left(\frac{F(V^{(i)},W^{(i)}) - F(V,W^{(i)})}{2k} - \varepsilon\right)$$

が成り立つ．$V^{(i+1)}$ は $Conv(\mathcal{V})$ 上の $V^{(i)'}$ の σ-近似 KL 射影なので，

$$\mathbf{KL}(V\|V^{(i+1)}) \leqq \mathbf{KL}(V\|V^{(i)'}) + \sigma$$

がいえる．これらより，

$$\mathbf{KL}(V\|V^{(i)}) - \mathbf{KL}(V\|V^{(i+1)})$$
$$\geqq (\log e)\cdot\varepsilon\cdot\left(\frac{F(V^{(i)},W^{(i)}) - F(V,W^{(i)})}{2k} - \varepsilon\right) - \sigma$$

がいえる，$i=1,\cdots,S$ に対して総和を取ることにより，

$$\mathbf{KL}(V\|V^{(1)}) - \mathbf{KL}(V\|V^{(S+1)})$$
$$\geqq (\log e)\varepsilon \sum_{i=1}^{S}\left(\frac{F(V^{(i)},W^{(i)}) - F(V,W^{(i)})}{2k} - \varepsilon\right) - S\sigma$$
$$= (\log e)\cdot S\varepsilon\cdot\left(\frac{Avg_i(F(V^{(i)},W^{(i)})) - F(V,W^*)}{2k} - \varepsilon\right) - S\sigma$$

を得る．$\mathbf{KL}(V\|V^{(S+1)}) \geqq 0$ なので，$\sigma=\varepsilon^2$ および $S = \max_{V\in\mathcal{V}}\mathbf{KL}(V\|V^{(1)})/\varepsilon^2$ に対して

$$\frac{Avg_i(F(V^{(i)},W^{(i)})) - F(V,W^*)}{2k} \leqq \frac{\mathbf{KL}(V\|V^{(1)}) + S\sigma}{(\log e)S\varepsilon} + \varepsilon = O(\varepsilon)$$

が成立する． ■

　一様版ミニマックス定理を，われわれの設定，つまり，プレーヤ 1 が分布を選択しプレーヤ 2 が汎用識別器を選択するというゼロ和ゲームに関して換言すると以下のようになる．

定理 3.25　ある r に関して $\mathcal{V}=\mathcal{C}_r$ とし，また，W は乱択論理回路の集合とする 2 プレーヤゼロ和ゲームを考える．また，任意の $(X,C)\in\mathcal{C}_r$ と乱択回路 $D\in W$ に対して，関数 $f((x,a),D)=E[D(X,B)] - D(x,a)$ を用いて，利得が $F((X,C),D)=Adv_D((X,B),(X,C))$ と定義されているものとする．このとき，任意の $0<\varepsilon\leqq 1$ と $\sigma=\varepsilon^2$ に対して，以下に示す万能識別器発見アルゴリズム中の繰り返し数が

$$S = O\left(\max_{(X,C)\in\mathcal{C}_r} \mathbf{KL}(X,C\|X,U_{[q]})/\varepsilon^2\right) = O((\log q - r)/\varepsilon^2)$$

であるとき，任意の $(X,C)\in\mathcal{C}_r$ に対して，万能識別器発見アルゴリズムは

$$Adv_{D^*}((X,B),(X,C)) = \Omega(\varepsilon)$$

を満たす D^* を出力する． □

以下のアルゴリズムはミニマックス戦略発見アルゴリズムをわれわれの設定に適用したものである．

Algorithm 13 万能識別器発見アルゴリズム
___
$C^{(1)}=U_{[q]}$ と初期設定，c は十分大きな定数
for i from 1 to S **do**
　$Adv_{D^{(i)}}((X,B),(X,C^{(i)}))\geq c\varepsilon$ を満たす任意の $D^{(i)}\in\mathcal{W}$ を選択
　$C^{(i)'}(a|x) \propto e^{\varepsilon D^{(i)}}(a|x)$ にしたがって $C^{(i)'}(a|x)$ の重み設定
　$(X,C^{(i+1)})\leftarrow \mathcal{C}_r$ 上の $(X,C^{(i)'})$ の任意の σ-近似 KL 射影を選択
end for
return $D^{(1)},\cdots,D^{(S)}$ 上の一様分布 D^*
___

定理 3.25 に関しては一様版ミニマックス定理(定理 3.24)とほぼ同じ．1つ注意すべきは，$\mathcal{C}_r$ 上の $(X^{(i)'},g_i(X^{(i)}))$ の KL 射影は $(X,g_i(X))=(X,C^{(i)'})$ の KL 射影と同じという点である．これについては以下の補題で保証される．

補題 3.26 確率分布 X,X' は $\mathrm{supp}(X)=\mathrm{supp}(X')$ を満たすものとし，g は確率的な関数で，$\mathcal{C}$ は (X,C) という形(C は動き得るが X は固定)の同時確率分布の凸集合とする．このとき，$\mathcal{C}$ 上の $(X,g(X))$ の KL 射影は $\mathcal{C}$ 上の $(X',g(X'))$ の KL 射影でもある． □

［証明］ 任意の $(X,C)\in\mathcal{C}$ を考える．KL 情報量の連鎖規則より，

$$\mathbf{KL}(X,C\|X',g(X')) = \mathbf{KL}(X\|X')+\mathbf{KL}((C|X)\|(g(X')|X'))$$
$$= \mathbf{KL}(X\|X')+\mathbf{KL}((C|X)\|(g(X)|X))$$
$$= \mathbf{KL}(X\|X')+\mathbf{KL}(X,C\|X,(g(X)))$$

が成り立つ．KL 射影を定義する最小の引数を取るべく変動できるのは C の

部分だけであり,上の関係式で縛られているため,最小値を取る確率変数は同一である. ∎

近似 KL 射影

ここでは,$\mathcal{C}_r$ 上の (X,C) の σ-近似 KL 射影を効率的に求める方法について議論する.まずは,確率変数 (X,C) の正確な KL 射影の特長付けをみていこう.その後に近似版を考察する.

補題 3.27 任意の C において,$k\geqq 0$ が $\mathbf{H}(\mathbf{2}^{kD}|X)\leqq\mathbf{H}(C|X)$ を満たすならば,$\mathbf{E}[D(X,\mathbf{2}^{kD})]\geqq\mathbf{E}[D(X,C)]$ が成り立つ. ∎

[証明] $\mathbf{H}(C|X)\geqq\mathbf{H}(\mathbf{2}^{kD}|X)$ を満たす任意の C を考える.$k=0$ のとき,$\mathbf{2}^{0D}$ は一様分布であり $\mathbf{H}(\mathbf{2}^{kD}|X)=\log q$ となる.そのため,補題の条件を満たすためには C も X が与えられているときでも $[q]$ 上の一様分布である必要があり,$\mathbf{E}[D(X,\mathbf{2}^{kD})]\geqq\mathbf{E}[D(X,C)]$ も自然と成り立つ.以下では,$k>0$ と仮定する.補題 3.21 と KL 情報量の非負性より

$$\mathbf{H}(\mathbf{2}^{kD}|X)-\mathbf{H}(C|X)-Adv_{kD}((X,C),(X,\mathbf{2}^{kD})) = \mathbf{KL}(X,C\|X,\mathbf{2}^{kD}) \geqq 0$$

が成り立つ.よって,条件が成立しているときは,

$$\mathbf{E}[D(X,C)]-\mathbf{E}[D(X,\mathbf{2}^{kD})] = \frac{1}{k}(Adv_{kD}((X,C),(X,\mathbf{2}^{kD})))$$
$$\leqq \frac{1}{k}(\mathbf{H}(\mathbf{2}^{kD}|X)-\mathbf{H}(C|X)) \leqq 0$$

となり,$\mathbf{E}[D(X,\mathbf{2}^{kD})]\geqq\mathbf{E}[D(X,C)]$ を得る. ∎

補題 3.28 (X,C) を $\{0,1\}^n\times[q]$ の値をとる確率変数とし,すべての x,a で $C(a|x)\neq 0$ であるとする.また,$\mathcal{C}_r$ $(0\leqq r<\log q)$ 上の (X,C) の KL 射影を (X,C^*) とする.ここで,

$$D(x,a) = \log\frac{C(a|x)}{\min_b C(b|x)}$$

とおいたとき,$C=\mathbf{2}^D$,および,$\mathbf{H}(\mathbf{2}^{\alpha D}|X)\geqq r$ を満たすようなある $\alpha\in(0,1]$ に対して $C^*=\mathbf{2}^{\alpha D}$ となる.特に,$(X,C)\notin\mathcal{C}_r$ ならば $\mathbf{H}(\mathbf{2}^{\alpha D}|X)=r$ であるこ

とに留意すること．

[証明] D を汎用識別器とすると，

$$\mathbf{2}^D(a|x) = \frac{2^{D(x,a)}}{\sum_b 2^{D(x,b)}} = \frac{C(a|x)/\min_{a'} C(a'|x)}{\sum_b C(b|x)/\min_{a'} C(a'|x)} = C(a|x)$$

より，$C=\mathbf{2}^D$ であることが確認できる．また，$(X,C)\in\mathcal{C}_r$ であれば，$\mathbf{KL}(X,C\|X,C)=0$ なので (X,C) の KL 射影は自身 $(X,C)=(X,\mathbf{2}^D)$ であり，$\alpha=1$ である．

$(X,C)\notin\mathcal{C}_r$ に対する KL 射影を見つけるため，まず，$\mathbf{H}(\mathbf{2}^{\alpha D}|X)=r$ を満たす $\alpha\in(0,1)$ が存在することを確認しよう．これは，$\mathbf{H}(\mathbf{2}^D|X)<r$, $\mathbf{H}(\mathbf{2}^0|X)=\log q\geqq r$ そして $\mathbf{H}(\mathbf{2}^{kD}|X)$ が $k\in(0,1)$ において連続関数であることにより，中間値の定理が適用できることによる．KL 射影の定義を考慮に入れて，$\mathbf{H}(C'|X)=r$ となる範囲で C' を動かして $\mathbf{KL}(X,C'\|X,\mathbf{2}^D)$ を最小化したい．($\mathcal{C}_r$ の境界だけを考えればよいのは，C' を $\mathcal{C}_r$ の内点としたとき，ある $0<\lambda<1$ が存在して，$\lambda C'+(1-\lambda)C\in\mathcal{C}_r$ となるが，$\mathbf{KL}(\cdot\|C)$ の凸性により，

$$\mathbf{KL}(\lambda C'+(1-\lambda)C) \leqq \lambda\mathbf{KL}(C'\|C)+(1-\lambda)\mathbf{KL}(C\|C) < \mathbf{KL}(C'\|C)$$

を満たすことによる）．補題 3.21 より

$$\mathbf{KL}(X,C'\|X,\mathbf{2}^D) = \mathbf{H}(\mathbf{2}^D|X)-\mathbf{H}(C'|X)-Adv_D((X,C'),(X,\mathbf{2}^D))$$

が成立する．よって $\mathbf{KL}(X,C'\|X,\mathbf{2}^D)$ を ($\mathcal{C}_r$ の境界で，つまり，$\mathbf{H}(C'|X)=r$ を満たす C' の中で) 最小化することは，

$$Adv_D((X,C'),(X,\mathbf{2}^D)) = \mathbf{E}[D(X,C')]-\mathbf{E}[D(X,\mathbf{2}^D)]$$

を最大化することと同じである．補題 3.27 において，$k=\alpha$ とすると，C' は前提条件を満たすので，$\mathbf{E}[D(X,\mathbf{2}^{\alpha D})]\geqq \mathbf{E}[D(X,C')]$ である．$C'=\mathbf{2}^{\alpha D}$ のとき最大化を達成するが，KL 射影は唯一なので $C^*=\mathbf{2}^{\alpha D}$ となる． ∎

補題 3.29 汎用識別器 $D: \{0,1\}^n \times [q] \to [0,\kappa]$ とサンプリングオラクル O_X にアクセスできる $\mathrm{poly}(\kappa,n,q,1/\sigma,\log(1/\gamma))$ 時間アルゴリズムが存在し，入力 $\sigma>0$ および $0\leqq r\leqq \log q-\sigma$ に対して，ビット長 $\log(\kappa/\sigma)+\log\log q+O(1)$

の $\beta \in (0,1]$ を $1-\gamma$ の確率で出力し，その β により $(X, \mathbf{2}^{\beta D})$ が $\mathcal{C}_r$ 上の $(X, \mathbf{2}^D)$ の σ-近似 KL 射影となっている． □

[証明] ある十分大きな定数 c を用いて，0 から 1 の範囲を $\sigma/(c\kappa \log q)$ 刻みで β の候補を離散的に動かしながら $H_\beta \in [\mathbf{H}(\mathbf{2}^{\beta D}|X) \pm \sigma/6]$ の値を見積もり，$H_\beta \in [r+\sigma/6, r+5\sigma/6]$ を満たすような任意の β に対して $D'=\beta D$ を出力する．これは $\mathrm{poly}(\kappa, n, q, 1/\sigma, \log(1/\gamma))$ 時間ででき，$c\kappa \log q/\sigma$ の範囲の β（補題 3.30 参照）に対して和集合上界を適用し，成功確率が $1-\gamma$ となる．もし，そういった β の出力に失敗した場合は $\beta=1$ とする．では，アルゴリズムの正当性を見ていこう．

もし，そういった β を見つけるのに失敗した場合は，その理由は $\mathbf{H}(\mathbf{2}^D|X) \geq r$ だからであり，言い換えると，$(X, \mathbf{2}^D) \in \mathcal{C}_r$ の KL 射影は単純に自分自身であるからである．これを確認するために，$\mathbf{H}(\mathbf{2}^D|X) < r$ を仮定しよう．β に対して，$\sigma/(c\kappa \log q)$ 通りの値を試すことは $\mathbf{H}(\mathbf{2}^{\beta D}|X)$ の値を $\sigma/3$ 個以上について検討することであり（補題 3.31 参照），$\mathbf{H}(\mathbf{2}^{0D}|X) = \log q \geq r+\sigma$ および $\mathbf{H}(\mathbf{2}^{1D}|X) < r$ と離散的な中間値の定理より，ある離散的な $\beta \in [0,1]$ が存在して，$\mathbf{H}(\mathbf{2}^{\beta D}|X) \in [r+\sigma/3, r+2\sigma/3]$ が成り立つ．つまり，そのような β を見つけることができる．

ここでは，一般性を失うことなく，そのような β が見つかったと仮定する．H_β が r および $\mathbf{H}(\mathbf{2}^{\beta D}|X)$ の両方に近いことから

$$r \leq \mathbf{H}(\mathbf{2}^{\beta D}|X) \leq r+\sigma$$

がいえる．よって，$(X, \mathbf{2}^{\beta D}) \in \mathcal{C}_r$ が成り立つ．$\mathcal{C}_r$ 上の $(X, \mathbf{2}^D)$ の正確な KL 射影は $(X, \mathbf{2}^{\alpha D})$ であるが，$(X, \mathbf{2}^D) \in \mathcal{C}_r$ ならば $\alpha=1$ であり，$(X, \mathbf{2}^D) \notin \mathcal{C}_r$（補題 3.28）ならば $0 < \alpha < 1$ かつ $\mathbf{H}(\mathbf{2}^{\alpha D}) = r$ であることを思い出そう．$(X, \mathbf{2}^{\beta D})$ が σ-近似 KL 射影であることを証明するのに，任意の $(X, C) \in \mathcal{C}_r$ で

$$\mathbf{KL}(X, C \| X, \mathbf{2}^{\beta D}) - \mathbf{KL}(X, C \| X, \mathbf{2}^{\alpha D}) \leq \sigma$$

を示せば十分である．ピタゴラスの定理より

$$\mathbf{KL}(X, C \| X, \mathbf{2}^{\beta D}) \leq \mathbf{KL}(X, C \| X, \mathbf{2}^{\alpha D}) + \sigma \leq \mathbf{KL}(X, C \| X, \mathbf{2}^D) + \sigma$$

となる.

補題 3.21 より以下が成立する.

$$\begin{aligned}&\mathbf{KL}(X,C\|X,\mathbf{2}^{\beta D})-\mathbf{KL}(X,C\|X,\mathbf{2}^{\alpha D})\\&=\mathbf{H}(\mathbf{2}^{\beta D}|X)-\mathbf{H}(\mathbf{2}^{\alpha D}|X)\\&\quad-(Adv_{\beta D}((X,C),(X,\mathbf{2}^{\beta D}))-Adv_{\alpha D}((X,C),(X,\mathbf{2}^{\alpha D})))\\&\leqq (r+\sigma)-r-(Adv_{\beta D}((X,C),(X,\mathbf{2}^{\beta D}))-Adv_{\alpha D}((X,C),(X,\mathbf{2}^{\alpha D})))\\&=\sigma+(\alpha-\beta)\cdot\mathbf{E}[D(X,C)]+\beta\cdot\mathbf{E}[D(X,\mathbf{2}^{\beta D})]-\alpha\cdot\mathbf{E}[D(X,\mathbf{2}^{\alpha D})]\end{aligned}$$

ここで $\alpha\geqq\beta$ であることに注意しよう. なぜならば, $(X,\mathbf{2}^D)\in\mathcal{C}_r$ のときには $\alpha=1\geqq\beta$ または $\mathbf{H}(\mathbf{2}^{\alpha D}|X)=r\leqq\mathbf{H}(\mathbf{2}^{\beta D}|X)$ であり, $(X,\mathbf{2}^D)\notin\mathcal{C}_r$ のときには $\mathbf{H}(\mathbf{2}^{kD}|X)$ が $[0,+\infty)$ の範囲で k に関する単調関数だからである. 単調性を確認するために, $k_2\geqq k_1\geqq 0$ を考え, 補題 3.21 を 2 回適用すると,

$$\begin{aligned}\mathbf{H}(\mathbf{2}^{k_2 D}|X)-\mathbf{H}(\mathbf{2}^{k_1 D}|X)-Adv_{k_2 D}((X,\mathbf{2}^{k_1 D}),(X,\mathbf{2}^{k_2 D}))\\=\mathbf{KL}(X,\mathbf{2}^{k_1 D}\|X,\mathbf{2}^{k_2 D})\geqq 0\\\mathbf{H}(\mathbf{2}^{k_1 D}|X)-\mathbf{H}(\mathbf{2}^{k_2 D}|X)-Adv_{k_1 D}((X,\mathbf{2}^{k_2 D}),(X,\mathbf{2}^{k_1 D}))\\=\mathbf{KL}(X,\mathbf{2}^{k_2 D}\|X,\mathbf{2}^{k_1 D})\geqq 0\end{aligned}$$

が成り立つ. これらより,

$$(k_2-k_1)(\mathbf{H}(\mathbf{2}^{k_1 D}|X)-\mathbf{H}(\mathbf{2}^{k_2 D}|X))\geqq 0$$

が成り立ち, $\mathbf{H}(\mathbf{2}^{k_1 D}|X)\geqq\mathbf{H}(\mathbf{2}^{k_2 D}|X)$ より単調性が確認できた.

補題 3.27 より $(\alpha-\beta)\mathbf{E}[D(X,C)]\leqq(\alpha-\beta)\mathbf{E}[D(X,\mathbf{2}^{\alpha D})]$ であり, この不等式は以下による.

$$\begin{aligned}&\mathbf{KL}(X,C\|X,\mathbf{2}^{\beta D})-\mathbf{KL}(X,C\|X,\mathbf{2}^{\alpha D})\\&\leqq\sigma+\beta(\mathbf{E}[D(X,\mathbf{2}^{\beta D})]-\mathbf{E}[D(X,\mathbf{2}^{\alpha D})])\\&=\sigma+\beta Adv_D((X,\mathbf{2}^{\beta D}),(X,\mathbf{2}^{\alpha D}))\end{aligned}$$

$\mathbf{2}^{\alpha D}$ と $\mathbf{2}^{\beta D}$ に補題 3.21 を適用すると,

$$Adv_{\alpha D}((X, \mathbf{2}^{\beta D}), (X, \mathbf{2}^{\alpha D})) = \mathbf{H}(\mathbf{2}^{\alpha D}) - \mathbf{H}(\mathbf{2}^{\beta D}) - \mathbf{KL}(X, \mathbf{2}^{\beta D} \| X, \mathbf{2}^{\alpha D})$$
$$\leqq \mathbf{H}(\mathbf{2}^{\alpha D}) - \mathbf{H}(\mathbf{2}^{\beta D}) \leqq 0$$

を得る．よって

$$\mathbf{KL}(X, C \| X, \mathbf{2}^{\beta D}) - \mathbf{KL}(X, C \| X, \mathbf{2}^{\alpha D}) \leqq \sigma$$

がいえる． ∎

補題 3.30(近似補題)

(1) 計算時間 $\mathrm{poly}(t, n, \log q, 1/\sigma, \log(1/\gamma))$ のアルゴリズム $\tilde{P}: \{0,1\}^n \times [q] \to [1, 2^{\tilde{\kappa}}]$ が存在し，汎用識別器 $\tilde{D}: \{0,1\}^n \times [q] \to [0, \tilde{\kappa}]$ がサイズ t の回路として与えられ，また，$\sigma > 0$, $\gamma > 0$ を入力とするとき，$1-\gamma$ の確率で以下が成立する．アルゴリズム P が定める確率分布

$$\tilde{C}(a|x) = \frac{\tilde{P}(x, a)}{\sum_b \tilde{P}(x, b)}$$

は，$\forall x, a, |D(x,a) - \tilde{D}(x,a)| \leqq \sigma$ を満たす任意の汎用識別器 D と任意の $D': \{0,1\}^n \to [0, \kappa]$ に対して，以下を満たす．

    a. $|E[D'(X, \tilde{C})] - E[D'(X, \mathbf{2}^D)]| = \kappa \cdot O(\sigma)$

    b. $|\mathbf{KL}(X, B \| X, \tilde{C}) - \mathbf{KL}(X, B \| X, \mathbf{2}^D)| = O(\sigma)$

    c. $|\mathbf{H}(\tilde{C}|X) - \mathbf{H}(\mathbf{2}^D|X)| = (\mathbf{H}(\mathbf{2}^D|X) + 1) \cdot O(\sigma)$

(2) 計算時間 $\mathrm{poly}(t, n, q, 1/\varepsilon, \log(1/\gamma))$ のアルゴリズムが存在し，汎用識別器 $D: \{0,1\}^n \times [q] \to \mathbb{R}^+$ がサイズ t の回路として与えられ，また，$\varepsilon > 0$, $\gamma > 0$ を入力とするとき，$1-\gamma$ の確率で $\mathbf{H}(\mathbf{2}^D|X)$ の値を加算的誤差 $O(\varepsilon)$ の範囲で見積もる．

(3) 計算時間 $\mathrm{poly}(t, n, q, 1/\varepsilon, \log(1/\gamma))$ のオラクルアルゴリズムが存在し，汎用識別器 $D: \{0,1\}^n \times [q] \to [0, \kappa]$ がサイズ t の回路として与えられ，また，$\varepsilon > 0$, $\gamma > 0$, および，$\{0,1\}^n \times [q]$ の値を取る任意の確率変数 (X, B) を入力とするとき，$1-\gamma$ の確率で

    a. $Adv_D((X, B), (X, \mathbf{2}^D))$ と

    b. $\mathbf{KL}(X, B \| X, \mathbf{2}^D) + \mathbf{H}(B|X)$

の値をオラクル $O_{X,B}$ を利用して加算的誤差 $O(\varepsilon)$ の範囲で見積もる.

□

［証明］
(1) 以下のようなアルゴリズム $\tilde{P}$ を考える.

    (i) $|E(x,a)-\tilde{D}(x,a)|\leqq\sigma$ を満たすような任意の x,a について,$E(x,a)\geqq0$ を $1-\gamma$ の確率で計算する.例えば,コイントスを利用して $m=O((\log(1/\gamma)+n+\log q)/\sigma^2)$ 個からなるサンプルから $\tilde{D}(x,a)$ の平均を求め $E(x,a)$ とする.確率については,Chernoff 上界と和集合上界を用いればよい.

    (ii) すべての x,a に対して $|2^{E(x,a)}-\tilde{P}(x,a)|\leqq\sigma$ を満たすような $\tilde{P}(x,a)$ を計算する.これには,Newton 法を用いることで,精度 $\pm\sigma$ で $2^{E(x,a)}\in[1,2^t]$ を近似できて,その時間は $\mathrm{poly}(t,m,\log(1/\sigma))$ である.

必要なバウンドを示そう.まず,$\tilde{P}(x,a)/2^{D(x,a)}\in[2^{-O(\sigma)},2^{O(\sigma)}]$ がいえるが,これは以下による.

$|\log\tilde{P}(x,a)-D(x,a)|$

$\leqq |\tilde{D}(x,a)-D(x,a)|+|E(x,a)-\tilde{D}(x,a)|+|\log\tilde{P}(x,a)-E(x,a)|$

$\leqq \sigma+\sigma+\left|\log\left(1-\dfrac{2^{E(x,a)}-\tilde{P}(x,a)}{2^{E(x,a)}}\right)\right|$

$\leqq 2\sigma+\left|\log\left(1\pm\dfrac{\sigma}{2^{E(x,a)}}\right)\right|$

$\leqq 2\sigma+|\log(1\pm\sigma)|=O(\sigma)$

ただし,最後の不等式では $2^{E(x,a)}\geqq1$ である事実を用ればよい.このことより,以下のバウンドが導出できる.

$$|\tilde{C}(a|x)-\mathbf{2}^D(a|x)|=\left|\dfrac{\tilde{P}(x,a)}{\sum_b \tilde{P}(x,b)}-\dfrac{2^{D(x,a)}}{\sum_b 2^{D(x,b)}}\right|$$

$$\leqq\left|\dfrac{2^{D(x,a)}\cdot 2^{\pm O(\sigma)}}{\sum_b 2^{D(x,b)}\cdot 2^{\pm O(\sigma)}}-\dfrac{2^{D(x,a)}}{\sum_b 2^{D(x,b)}}\right|$$

$$\leqq \frac{2^{D(x,a)}}{\sum_b 2^{D(x,b)}} \left(2^{O(\sigma)}-1\right)$$
$$= \mathbf{2}^D(a|x) \cdot O(\sigma)$$

が成り立ち，

$$\left| \log \frac{1}{\tilde{C}(a|x)} - \log \frac{1}{\mathbf{2}^D(a|x)} \right|$$
$$\leqq \left| \log \tilde{P}(x,a) - D(x,a) \right| + \left| \log \left(\sum_b \tilde{P}(x,b)\right) - \log \left(\sum_b 2^{D(x,b)}\right) \right|$$
$$\leqq O(\sigma) + \left| \log \frac{\sum_b 2^{D(x,b)} \cdot 2^{\pm O(\sigma)}}{\sum_b 2^{D(x,b)}} \right| = O(\sigma)$$

も成り立つ．(1) と (2) を用いることで，必要なバウンドが求まる． ■

補題 3.31 任意の汎用識別器 D_1，D_2 と，$\{0,1\}^n \times [q]$ の値を取る任意の確率変数 (X, B) に対して，

$$\left| \mathbf{H}(\mathbf{2}^{D_1}|X) - \mathbf{H}(\mathbf{2}^{D_2}|X) \right| = (\mathbf{H}(\mathbf{2}^{D_2}|X)+1) \cdot O(\max_{x,a} |D_1(x,a) - D_2(x,a)|)$$

および

$$|\mathbf{KL}(X,B\|X,\mathbf{2}^{D_1}) - \mathbf{KL}(X,B\|X,\mathbf{2}^{D_2})| = O(\max_{x,a} |D_1(x,a) - D_2(x,a)|)$$

が成り立つ． □

［証明］ 補題 3.30 において，$\tilde{D}=D_1$，$D=D_2$ および $\sigma = \max_{x,a}|D_1(x,a) - D_2(x,a)|$ と設定することで，

$$|\mathbf{H}(\mathbf{2}^{D_1}|X) - \mathbf{H}(\mathbf{2}^{D_2}|X)|$$
$$\leqq |\mathbf{H}(\tilde{C}|X) - \mathbf{H}(\mathbf{2}^{D_1}|X)| + |\mathbf{H}(\tilde{C}|X) - \mathbf{H}(\mathbf{2}^{D_2}|X)|$$
$$= (\mathbf{H}(\mathbf{2}^{D_2}|X)+1) \cdot O(\max_{x,a}|D_1(x,a) - D_2(x,a)|)$$

を得る．また，同じ設定で，

$$|\mathbf{KL}(X,B\|X,\mathbf{2}^{D_1}) - \mathbf{KL}(X,B\|X,\mathbf{2}^{D_2})|$$
$$\leqq |\mathbf{KL}(X,B\|X,\tilde{C}) - \mathbf{KL}(X,B\|X,\mathbf{2}^{D_1})|$$
$$+ |\mathbf{KL}(X,B\|X,\tilde{C}) - \mathbf{KL}(X,B\|X,\mathbf{2}^{D_2})|$$
$$= O(\sigma) = O(\max_{x,a} |D_1(x,a) - D_2(x,a)|)$$

も得られる. ∎

長々と準備をしてきたが，いよいよ定理 3.20 を証明しよう．まず，汎用識別器に対する一様版ミニマックス定理を適用させることから始める．$\mathcal{C}_r = \{(X,C) : \mathbf{H}(C|X) \geqq r\}$ とし，$\gamma > 0$ を誤差のパラメータとする．γ の値は後で定めることにする．任意の $r \geqq \mathbf{H}(B|X) + \delta - \varepsilon/2$ が与えられたとき，$O_{X,B}$ を用いるような $\mathcal{C} = \mathcal{C}_r$ 上の万能汎用識別器発見アルゴリズムが構成できて，サイズ $\mathrm{poly}(t', n, \log q, 1/\varepsilon, \log(1/\gamma))$ の回路 D^* を $1-\gamma$ 以上の確率で出力すると仮定する．この際の計算時間は $\mathrm{poly}(t', n, q, 1/\varepsilon, \log(1/\gamma))$ となる．万能汎用識別器発見アルゴリズムの具体的な構成方法は後述するとして，とりあえずは，存在を仮定して話をすすめよう．

c を十分大きな定数とする．以下のような，計算時間 t のオラクルアルゴリズム P が存在すると仮定し，X が与えられたとき B が (t,δ)-一様 KL 困難であるという仮説を破るものとする．

アルゴリズムの正当性を示すため，$1-\gamma$ の確率で，ある汎用識別器 $kD^* \in L$ が存在して

$$\mathbf{KL}(X,B\|X,\mathbf{2}^{kD^*}) \leqq \delta - \varepsilon/3 + \varepsilon/c$$

を満たすことを確認しよう．そこである繰り返し $r \in [\mathbf{H}(B|X) + \delta - \varepsilon/2, \mathbf{H}(B|X) + \delta - \varepsilon/3]$ を考える．ここで，$\mathcal{C} = \mathcal{C}_r$ 上の万能汎用識別器発見アルゴリズムは，$1-\gamma$ の確率で，サイズ $\mathrm{poly}(t', n, \log q, 1/\varepsilon, \log(1/\gamma))$ の回路 D^* を出力すると仮定していたことを思い出そう．一様版ミニマックス定理より，

$$\mathbf{H}(C|X) \geqq \mathbf{H}(B|X) + \delta - \varepsilon/3 \geqq r$$

Algorithm 14 X が与えられたときの B の KL 困難性に反する予測器

Input: $(x,a) \in \{0,1\}^n \times [q]$, オラクル：$O_{X,B}$

  for $r \leftarrow 0$ to $\log q$ (ε/c 刻みで) do

    オラクル $O_{X,B}$ を用いて $\mathcal{C} = \mathcal{C}_r$ 上の万能汎用識別器発見アルゴリズムを実行．返り値を D^* とする

    for $k \leftarrow 0$ to $\log q/\varepsilon$ (ε/c 刻みで) do

      汎用識別器 kD^* をリスト L に追加

    end for

  end for

  for $D' \in L$ do

    オラクル $O_{X,B}$ を用いて誤差 ε/c の範囲で $\mathbf{KL}(X,B\|X,2^{D'}) + \mathbf{H}(B|X)$ を見積もる

  end for

  $\tilde{D} \in L$ を最小の見積もりを持つ汎用識別器とする

  return $2^{\tilde{D}}(a|x)$ に対する近似

を満たすすべての C に対して $Adv_{D^*}((X,B),(X,C)) = \Omega(\varepsilon)$ がいえる．

補題 3.22 より，ある $k^* \in [0, (\log q)/\varepsilon]$ が存在して，$\mathbf{KL}(X,B\|X,2^{k^*D^*}) \leq \delta - \varepsilon/3$ が成立する．内側のループにおいて，$k \in [k^* - \varepsilon/c, k^*]$ となる繰り返しでは，補題 3.31 より

$$\mathbf{KL}(X,B\|X,2^{kD^*}) \leq \mathbf{KL}(X,B\|X,2^{k^*D^*}) + \varepsilon/c \leq \delta - \varepsilon/3 + \varepsilon/c$$

が成り立っている．サンプリングをすることにより，$D' \in L$ ごとに，$\mathbf{KL}(X,B\|X,2^{D'}) + \mathbf{H}(B|X)$ の値を誤差 ε/c の範囲で見積もる．補題 3.30 より，成功確率は $1 - \gamma/|L|$ 以上で，計算時間は $\mathrm{poly}(t', n, 1/\varepsilon, q, \log(1/\gamma))$ にできる．よって，$1 - \gamma$ 以上の確率で，最小見積もりを取るような L に含まれている汎用識別器 $\tilde{D}: \{0,1\} \times [q] \to [0, (\log q)/\varepsilon]$ は

$$\mathbf{KL}(X,B\|X,2^{\tilde{D}}) \leq \mathbf{KL}(X,B\|X,2^{kD^*}) + 2\varepsilon/c$$

を満たす．最後に $2^{\tilde{D}}$ の近似は，補題 3.30 より，Newton 法を用いることで，

$1-3\gamma$ 以上の確率で，確率変数 C_p が

$$\mathbf{KL}(X,B\|X,C_p) \leqq \mathbf{KL}(X,B\|X,\mathbf{2}^{\tilde{D}})+\varepsilon/c \leqq \delta-\varepsilon/3+4\varepsilon/c \leqq \delta-\varepsilon/4$$

を満たすような予測器 $p\colon \{0,1\}^n\times[q]\to[1,q^{1/\varepsilon}]$ を計算時間 $t=\mathrm{poly}(t',n,1/\varepsilon,\log q,\log(1/\gamma))$ で生成することができる．

$P^{O_{X,B}}$ は関数 $p\colon \{0,1\}^n\times[q]\to[1,q^{1/\varepsilon}]$ 上の分布と見なすことができて，後は

$$E_{p\leftarrow P^{O_{X,B}}}[\mathbf{KL}(X,B\|X,C_p)] \leqq \delta$$

を満たすことを示せばよい．以前の解析により，$p\leftarrow P^{O_{X,B}}$ に対して，$1-3\gamma$ 以上の確率で $\mathbf{KL}(X,B\|X,C_p)<(\delta-\varepsilon/4)$ であることを確認した．また，$p\colon \{0,1\}^n\times[q]\to[1,q^{1/\varepsilon}]$ に対して，

$$\begin{aligned}\mathbf{KL}&(X,B\|X,C_p)\\&=\mathbf{E}\left[\sum_a B(a|X)\log(B(a|X)/C_p(a|X))\right]\\&\leqq \max_{x,a}\log(1/C_p(a|x))=O(\log q+1/\varepsilon)\end{aligned}$$

が成立する．よって，$\gamma=\Omega(\varepsilon/(\log q+1/\varepsilon))$ とパラメータを選択することにより，

$$\mathbf{E}_{p\leftarrow P^{O_{X,B}}}[\mathbf{KL}(X,B\|X,C_p)] \leqq (1-3\gamma)(\delta-\varepsilon/4)+(3\gamma)\cdot O(\log q+1/\varepsilon) \leqq \delta$$

が成立する．

万能汎用識別器発見アルゴリズムの構成

最後に，万能汎用識別器発見アルゴリズムを具体的に構成する方法を示そう．ここで考える $\mathcal{C}=\mathcal{C}_r$ に対する万能汎用識別器発見アルゴリズムは，任意の $R\geqq\mathbf{H}(B|X)+\delta-\varepsilon/2$ と $O_{X,B}$ へのオラクルアクセスが与えられたとき，$1-\gamma$ 以上の確率で，サイズ $\mathrm{poly}(t',n,\log q,1/\varepsilon,\log(1/\gamma))$ の回路を時間 $\mathrm{poly}(t',n,q,1/\varepsilon,\log(1/\gamma'))$ で出力する効率的なものである．アルゴリズム中で $S=O((\log q)/\varepsilon^2)$ 回繰り返されるループ内部をどのように構成するのかを示す．

$\gamma'>0$ をエラーパラメータとし,具体的には後で定める. $j\in[S]$ 回目のループにおいて,万能汎用識別器発見アルゴリズムが構成する $C^{(j)}$ は, $C^{(j)}=\mathbf{2}^{D_j}$ を満たすようなサイズ $\text{poly}(t',n,\log q,1/\varepsilon,\log(1/\gamma))$ の回路として一般化識別器 D_j を構成することで与えられる. $j=1$ のときは, $D_1=0$ とすることで実現される.また, D_j が構成済みであることを仮定して, D_{j+1} を時間 $\text{poly}(t',n,q,1/\varepsilon)$ で構成する方法は以下のように与えられる.

(1) D_j から, $1-2\gamma'$ 以上の確率で

$$Adv_{D^{(j)}}((X,B),(X,C^{(j)}))>\varepsilon'=c\varepsilon$$

を満たすようなサイズ $t''=\text{poly}(t',n,q,1/\varepsilon,\log(1/\gamma'))$ の識別器 $D^{(j)}$ を時間 $\text{poly}(t',n,q,1/\varepsilon)$ で構成することができる.ここで, c は万能汎用識別器発見アルゴリズムにおける定数である.ニュートン法を用いて $\mathbf{2}^{D_j}$ を近似することで,回路 $\tilde{P}$ が構成できて確率変数 $\tilde{C}(a|x)=\tilde{P}(x,a)/\sum_b \tilde{P}(x,b)$ は以下を満足する.(i) $\mathbf{H}(\tilde{C}|X)\geq\mathbf{H}(C^{(j)}|X)-\varepsilon/2$; (ii) 任意の識別器 D' に対して $Adv_{D'}((X,B),(X,C^{(j)}))\geq Adv_{D'}((X,B),(X,\tilde{C}))-\varepsilon/3$. これは, $1-\gamma'$ 以上の確率で,時間 $\text{poly}(t',n,q,1/\varepsilon,\log(1/\gamma'))$ で実行可能である.詳細は,補題 3.30 による.

次に, $(X,B,\tilde{C})^{t'}$ と $U_{t'}$ の $m=O((\log(1/\gamma')+n+\log q)/\varepsilon^2)$ 個のランダムサンプルを生成する.ここで, $\tilde{C}$ は X から,時間 $\text{poly}(t',n,q,1/\varepsilon,\log(1/\gamma'))$ でサンプラブルである.

最後に $D^{(j)}$ を (x,a) が与えられたときの識別器で,まず, $I\in_R[m]$ を選び, $(X,B,\tilde{C})^{t'}$ の I 番目のコピーを用いてオラクルからの質問に答え, D の内部乱数として $U_{t'}$ の I 番目のコピーを用いることで,出力 $D^{O_{X,B,\tilde{C}}}(x,a)$ を得る.

ここで, $D^{(j)}$ のサイズは D_j のサイズには依存しないが, D_{j+1} のサイズは $D^{(j)}$ のサイズに加法的に依存する.

Chernoff 上界と和集合上界を用いることで, $1-\gamma'$ 以上の確率で,任意の (x,a) に対して

$$\left|D^{(j)}(x,a)-D^{O_{X,B,\tilde{C}}}(x,a)\right|\leq\varepsilon/3$$

が成立する．よって

$$\left|Adv_{D^{(j)}}((X,B),(X,\tilde{C}))-Adv_{D^{o_{X,B,\tilde{C}}}}((X,B),(X,\tilde{C}))\right|\leqq \varepsilon/3$$

がいえる．

$$\mathbf{H}(\tilde{C}|X)\geqq \mathbf{H}(C^{(j)}|X)-\varepsilon/4\geqq \mathbf{H}(B|X)+\delta-\varepsilon/2=\mathbf{H}(B|X)+\delta-\varepsilon$$

なので，B の条件付き擬似エントロピーは

$$\begin{aligned}Adv_{D^{(j)}}((X,B),(X,C^{(j)}))&\geqq Adv_{D^{(j)}}((X,B),(X,\tilde{C}))-\varepsilon/3\\ &\geqq Adv_{D^{o_{X,B,\tilde{C}}}}((X,B),(X,\tilde{C}))-\varepsilon/3-\varepsilon/3\\ &>\varepsilon-2\varepsilon/3=\varepsilon'\end{aligned}$$

が保証される．

(2) $C^{(j+1)'}=\mathbf{2}^{D_j+(\log e)\varepsilon D^{(j)}}$ である．これは，重みの乗算的更新による帰結である．

(3) 時間 $\mathrm{poly}(t',n,q,1/\varepsilon,\log(1/\gamma'))$ で，$1-\gamma'$ 以上の確率で，サイズ $\mathrm{poly}(t',n,q,1/\varepsilon,\log(1/\gamma'))$ の汎用識別器 D_{j+1} を構成できるが，この汎用識別器により，$(X,\mathbf{2}^{D_{j+1}})$ が $\mathcal{C}_r$ 上の $(X,C^{(j+1)'})$ の KL 射影 $O(\varepsilon^2)$-近似となっている．

実際，補題 3.29 により，ある $\beta_{j+1}\in(0,1]$ で，$D_{j+1}=\beta_{j+1}(D_j+\varepsilon'/2\cdot D^{(j)})$ を考えたとき，$(X,\mathbf{2}^{D_{j+1}})$ は KL 射影 $O(\varepsilon^2)$-近似である．ただし，$D_j+\varepsilon'/2\cdot D^{(j)}$ は $[0,O(S\varepsilon)]$ の範囲の値をとる汎用識別器であり，各ループでは D_j の値域の増加分は $O(\varepsilon)$ 以下である．補題 3.29 より，β_{j+1} のビット長は $\log(S/\varepsilon)+\log\log q+O(1)$ で十分である．その結果，D_{j+1} はサイズ $\mathrm{poly}(t',n,\log q,1/\varepsilon)$ であり，各ループで D_j のサイズの増加分は $t''+\mathrm{poly}(\log(S/\varepsilon),\log\log q)$ 以下である．

十分大きな定数 c' を用いて，$\gamma'=\gamma/c'S$ とおく．帰納法により，$1-O(S\gamma')$ $=1-\gamma$ 以上の確率で，各 j に対して所望の D_j を構成でき，各ループは時間 $\mathrm{poly}(t',n,q,1/\varepsilon,\log(1/\gamma))$ で正しく実装できる．さらに，$D^{(j)}$ の平均値を計算する D^* は回路サイズ $O(St'')=\mathrm{poly}(t',n,\log q,1/\varepsilon,\log(1/\gamma))$ である．

3.7.5　条件付き擬似エントロピーから次ブロック擬似エントロピーへ

補題 3.32(KL困難の連鎖規則)　Y を $\{0,1\}^n$ 上の分布とし，Z と同時分布を構成しているものとする．もし，Z が与えられているとき，Y が (t,δ)-一様サンプリングKL困難ならば，$(Z,Y_1,\cdots,Y_{I-1})$ が与えられているとき，Y_I は $(t',\delta/n)$-一様サンプリングKL困難である．ただし，$I\in_R [n]$ で，$t'=t/O(n)$.

□

[証明]　$(Z,Y_1,\cdots,Y_{I-1})$ が与えられているとき，Y_I は $(t',\delta/n)$-一様サンプリングKL困難でないと仮定する．つまり，計算時間 t' のある乱択オラクルアルゴリズム S が存在して

$$\mathbf{KL}(Z,Y_1,\cdots,Y_I\|Z,Y_1,\cdots,Y_{I-1},S^{O_{Z,Y_1,\cdots,Y_I}}(Z,Y_1,\cdots,Y_{I-1})) \leqq \frac{\delta}{n}$$

を満たす．

オラクル $O_{Z,Y}$ を用いて Z から $W_1,\cdots,W_n$ をサンプリングする $O(nt')=t$ 時間のアルゴリズムを考える．ここで，W_i は $S^{O_{Z,Y_1,\cdots,Y_I}}(Z,W_1,\cdots,W_{i-1})$ と帰納的に定義されるものとする．KL情報量の連鎖規則より，

$$\mathbf{KL}(Z,Y_1,\cdots,Y_j\|Z,W_1,\cdots,W_j) - \mathbf{KL}(Z,Y_1,\cdots,Y_{j-1}\|Z,W_1,\cdots,W_{j-1})$$
$$= \mathbf{KL}((Y_j|Z,Y_1,\cdots,Y_{j-1})\|(W_j|Z,W_1,\cdots,W_{j-1}))$$
$$= \mathbf{KL}(Z,Y_1,\cdots,Y_j\|Z,Y_1,\cdots,Y_{j-1},S^{O_{Z,Y_1,\cdots,Y_I}}(Z,Y_1,\cdots,Y_{j-1}))$$

が成り立つ．最後の等号は条件付きKL情報量の定義による．$j=1,\cdots,n$ を動かして，

$$\mathbf{KL}(Z,Y\|Z,W_1,\cdots,W_n)$$
$$= \sum_{i=1}^n \mathbf{KL}(Z,Y_1,\cdots,Y_i\|Z,Y_1,\cdots,Y_{i-1},S^{O_{Z,Y_1,\cdots,Y_I}}(Z,Y_1,\cdots,Y_{i-1}))$$
$$= n\mathbf{KL}(Z,Y_1,\cdots,Y_I\|Z,Y_1,\cdots,Y_{I-1},S^{O_{Z,Y_1,\cdots,Y_I}}(Z,Y_1,\cdots,Y_{I-1}))$$
$$\leqq n \cdot \frac{\delta}{n} = \delta$$

を得る．これは，Z が与えられたとき，Y が (t,δ)-一様KLサンプリング困難であることに矛盾する．

■

定理 3.33 n をセキュリティパラメータとし，$t=t(n)$, $\gamma=\gamma(n)$, $\varepsilon=\varepsilon(n)$ はすべて多項式時間計算可能であるとする．$f\colon \{0,1\}^n \to \{0,1\}$ を (t,γ)-一方向性関数とする．このとき，$(f(U_n), U_n)$ が (t',ε)-一様次ビット擬似エントロピーを $n+\log(1/\gamma)-\varepsilon$ 以上持つ．ただし，$t'=t^{\Omega(1)}\mathrm{poly}(n,1/\varepsilon)$． □

[証明] $Z=f(U_n)$, $Y=U_n$ および $I \in_R [n]$ とする．定理 3.19 と以下に示す補題 3.34 より，$(Z,Y_1,\cdots,Y_{I-1})$ が与えられているときに，Y_I は $(t/\mathrm{poly}(n), \log(1/\gamma)/n)$-一様サンプリング KL 困難である．補題 3.18 より，$(Z,Y_1,\cdots,Y_{I_1})$ が与えられたとき，Y_I は $(t/\mathrm{poly}(n), \log(1/\gamma)/n)$-一様 KL 困難である．定理 3.20 より，$Y_I$ における (t',ε)-一様条件付き擬似エントロピーは $\mathbf{H}(Y_I|Z, Y_1,\cdots,Y_{I-1})+\log(1/\gamma)/n-\varepsilon/n$ 以上である．ただし，$t'=t^{\Omega(1)}/\mathrm{poly}(n,1/\varepsilon)$ である．等価的に (Z,Y) における (t',ε)-一様次ビット擬似エントロピーは $\mathbf{H}(Y,Z)+\log(1/\gamma)-\varepsilon=n+\log(1/\gamma)-\varepsilon$ 以上である． ■

3.7.6 次ブロック擬似エントロピーから擬似ランダムへ

定理 3.34 n をセキュリティパラメータとする．$\Delta=\Delta(n)\in[1/\mathrm{poly}(n),n]$, $m=m(n)$, $\kappa=\kappa(n)\in[n/2]$ はすべて多項式時間で計算可能であるとする．任意の多項式時間計算可能な関数 $G_{nb}\colon \{0,1\}^n \to \{0,1\}^m$ において，$G_{nb}(U_n)$ が $n+\Delta$ 以上の (T,ε)-次ビット擬似エントロピーを持つならば，$(T-n^{O(1)}, n^{O(1)}\cdot(\varepsilon+2^{-\kappa}))$ 擬似乱数生成器 $G\colon \{0,1\}^d \to \{0,1\}^{d\cdot(1+\Omega(\Delta/n))}$ が構成でき，そのシード長は
$$d = O\left(\frac{m^2 \cdot n^2 \cdot \kappa \cdot \log^2 n}{\Delta^3}\right)$$
となる．また G は G_{nb} を一様ランダムな $O(d/n)$ 回のオラクル呼び出しを用いて $\mathbf{NC}^1$ で計算できる． □

前節の結果より，$U_n \to (f(U_n), U_n)$ を次ビット擬似エントロピー生成器として用いることができて，定理 3.34 の構成法を応用することで，以下の構成法 1 により，一方向性関数 f から擬似乱数生成器 G を得ることができる．

構成法 1.
入力 $\{0,1\}^d$ に対して G は

$$h,\ h(G_1^1 G_1^2 \cdots G_1^\ell),\ h(G_2^1 G_2^2 \cdots G_2^\ell),\ \cdots$$

を出力する．ここで，h は汎用ハッシュ関数であり，$G^1, G^2, \cdots, G^\ell$ は G と同一独立な分布である．各 G の複製は t 個の $(f(U_n), U_n)$ の同一独立な複製からなっており，$I \in_R [n+m]$ に対して(各 G^i に対して I の新しいコピーを用いて)最初の複製の最初の I ビットと，最後の複製の $m+n-I$ ビットは捨て去る．定理 3.34 より，f が一方向性関数ならば，G はシード長 $O(n^2 m^2)$ および伸張 $\Omega(\log n / n)$ の擬似乱数生成器である．

以下の複数の帰着を通して定理 3.34 を証明する．

(1) （エントロピー平滑化）G_{nb} に対してエントロピー平滑化のための変換を施して，出力の各ブロックの(条件付き)擬似エントロピーが同じ(例えば $(n+\Delta)/m$)になるような生成器を得る．

(2) （次ブロック擬似エントロピーから次ブロック擬似最小エントロピーへ）次ブロック擬似エントロピー生成器の直積を考えることにより，次ブロック生成器と真のエントロピー(つまり，入力長)とのギャップを増加させ，次ブロック擬似エントロピーを次ブロック擬似最小エントロピーへ変換する．

(3) （擬似乱数抽出）次ブロック擬似最小エントロピーから擬似乱数ビットを抽出する．

(4) （統合）証明を完結すべく，すべてを統合する．

記法を簡単にするため，最初の3ステップを任意の次ブロック擬似エントロピー分布について証明する．U^m 上の分布 X，U 上の分布族 $Y = \{Y_i\}_{i \in [m]}$，オラクルアルゴリズム $D^{(\cdot)}$ に対して

$$\delta_{X,Y}^D \stackrel{\text{def}}{=} \mathbf{E}_{i \in_R [m(n)]} [\delta_{X,Y,i}^D = \Pr[D^{O_{X,Y}}(X_1, \cdots, X_i) = 1] \\ - \Pr[D^{O_{X,Y}}(X_1, \cdots, X_{i-1}, Y_i) = 1]]$$

とおく．ただし，$O_{X,Y}(i)$ は同時分布 (X, Y_i) にもとづくサンプルである．最後に，以下すべてで，全体集合 U の記述サイズは n の多項式であると仮定する．

エントロピー平滑化

ここでは，与えられた分布に対して擬似エントロピーをさほど損失しないように加工し次ビット擬似エントロピー特性を良くするようにする方法を与える．

まずは，平均エントロピーと最小エントロピーの関係について述べる．

補題 3.35 (1) X を U 上の確率変数とし，$t \geq 1$, $\varepsilon > 0$ とする．このとき，x を X^t にしたがってサンプリングしたとき，$1-\varepsilon-2^{-\Omega(t)}$ 以上の確率で

$$|\mathbf{H}(x) - t \cdot \mathbf{H}(X)| \leq O(\sqrt{t \cdot \log(1/\varepsilon)} \cdot \log(|U| \cdot t))$$

が成り立つ．

(2) (X, Y) を同時確率変数とし，X は U の値を取り，$t \in \mathbb{N}$, $\varepsilon > 0$ とする．このとき，(x, y) を $(X, Y)^t$ にしたがってサンプリングしたとき，$1-\varepsilon-2^{-\Omega(t)}$ 以上の確率で

$$\mathbf{H}(x|y) - t \cdot H(X|Y) \leq O(\sqrt{t \cdot \log(1/\varepsilon)} \cdot \log(|U| \cdot t))$$

が成り立つ．

□

[証明]

(1) $x = (x_1, \cdots, x_t)$ に対して，$\mathbf{H}(x) = \sum_{i=1}^{t} \mathbf{H}(x_i)$ である．$\mathbf{H}(x)$ は t 個の独立な確率変数 $H(x_i)$ の和であり，期待値は $t \cdot \mathbf{H}(X)$ である．Chernoff 限界を使うための条件として，$H(x_i)$ は有界でないので，Chernoff 限界を使うための前提条件に合致していない．しかしながら，$H(x_i)$ が $O(\log|U|)$ より大きくなることは稀である．特に，任意の $\tau > 0$ に対して，

$$\Pr[\mathbf{H}(x_i) \geq \log(|U|/\tau)] \leq \sum_{x_i \in U \wedge \mathbf{H}(x_i) \geq \log(|U|/\tau)} \Pr[X = x_i]$$

$$\leq |U| \cdot 2^{-\log(|U|/\tau)}$$

$$= \tau$$

がいえる．指数的に減衰する確率変数に対する Chernoff 限界[59]が存在して，$\Delta \cdot (\log|U|/\tau) + 2\tau t$ 以上離れる確率は，$\tau \in [0, 1]$ に対して，

$e^{-\Omega(\Delta^2/t)} + e^{-\Omega(\tau t)}$ 以下であることがいえる．後は，$\Delta = O(\sqrt{t\log(1/\varepsilon)})$ かつ $\tau = \min\{1, O(\log(1/\varepsilon)/t)\}$ と設定すればよい．

(2) $\mathbf{H}(x|y) = \sum_{i=1}^{t} \mathbf{H}(x_i|y_i)$ と書けるので，後は同様である．

まず，U^m 上の次ブロック擬似エントロピー k の m ブロック確率変数 X を考える．1つおきに ℓ 個の独立な複製を結合させ，$m\ell$ ブロックを生成する．最後にランダムに $j \in [m]$ を選択し，最初の j ブロックと最後の $m-j$ ブロックを削除する．$m \cdot (\ell-1)$ ブロックに対して新しい確率変数 $\tilde{X}$ を導入し，任意の i で $\tilde{X}$ の i 番目のブロックは X でのランダム順でのあるブロックである．(以下で示すように)次ブロック擬似エントロピーが k/m 以上であることを示すのは容易である．一方で，$\tilde{X}$ の本当のエントロピーは X のエントロピーの ℓ 倍以下である．ℓ を十分大きく取ることで次ブロック擬似エントロピーと真のエントロピーの差は大きく減少しない．$j \in [m]$ および $z^{(1)}, \cdots, z^{(\ell)} \in U^m$ に対して

$$Equalizer(j, z^{(1)}, \cdots, z^{(\ell)}) = (z_j^{(1)}, \cdots, z_m^{(1)}, \cdots, z_1^{(\ell)}, \cdots, z_{j-1}^{(\ell)})$$

とおく．

補題 3.36 n をセキュリティパラメータとする．また，$m = m(n) = \text{poly}(n)$ および $\ell = \ell(n) = \text{poly}(n)$ を $\text{poly}(n)$-時間計算可能な整数値関数とする．ただし，$\ell(n) > 1$ である．X は U^m 上の確率変数で，(T, ε)-次ブロック擬似エントロピーが k 以上であるとする．ただし，$T = T(n)$，$\varepsilon = \varepsilon(n)$ および $k = k(n)$ とする．J を $[m]$ 上の一様分布とし，$\tilde{X} = Equalizer(J, X^{(1)}, \cdots, X^{(\ell)})$ とする．ただし，$X^{(i)}$ は X の同一独立分布の複製とする．このとき，$\tilde{X}$ のどのブロックも k/m 以上の $(T - O(\ell \cdot m \cdot \log|U|), \ell \cdot \varepsilon)$-次ブロック擬似エントロピーを持つ．また，$\tilde{X}$ と X の間の帰着は完全ブラックボックス帰着である． □

［証明］ $m' = (\ell-1) \cdot m$ とする．また，$Y = \{Y_1, \cdots, Y_m\}$ を X と結合して分布する分布族とする．Y の事例1つ当たり，Y_i 1つのエントリだけを抽出することしかしないが，以下では Y を X と結合して分布する単一の確率変数 $Y = (Y_1, \cdots, Y_m)$ と考える．$Y^{(1)}, \cdots, Y^{(\ell)}$ を Y の同一独立の複製とし，$\tilde{Y} = Equalizer(J, Y^{(1)}, \cdots, Y^{(\ell)})$ を $\tilde{X}$ と自然に結合する分布，つまり，j は $\tilde{X}$ と同

一の値を取り，$j\in[\ell]$ に対して $Y^{(j)}$ は結合分布 (X,Y) にしたがって $X^{(j)}$ と同時分布する．ここで $\tilde{Y}_i = Y_{J+i-1 \bmod m}$ である．（また $m \bmod m$ は 0 ではなく便宜上 m であるとする．）また，$J+i-1$ は $[m]$ 上を一様分布する．よって，任意の $i\in[m']$ に対して

$$\mathbf{H}(\tilde{Y}_i|\tilde{X}_{1,\cdots,i-1}) \geqq \mathbf{H}(Y_{J+i-1 \bmod m}|X_1,\cdots,X_{(J+i-1 \bmod m)-1})$$
$$= \mathbf{E}_{i'\in_R[m]}[\mathbf{H}(Y_{i'}|X_1,\cdots,X_{i'-1})]$$

が成り立つ．$\tilde{D}$ を $\tilde{X}$ の次ブロック擬似エントロピーを破る敵対者とする．このとき，X の次ブロック擬似エントロピーを破る D を次のように定義する．入力 $(x_1,\cdots,x_{i-1},z)$ に対して D は $\tilde{X}$ から（$O_{X,Y}$ を用いて）ランダムサンプル $x'=(x'_1,\cdots,x'_{m'})$ を生成する．次に，$i' \equiv j+i-1 \bmod m$ を満たすように一様ランダムに $i'\in[m']$ を選択する．ただし，j は x' を生成の際の J の値である．$\tilde{D}^{O_{\tilde{X},\tilde{Y}}}(x'_1,\cdots,x'_{i'-1},x_1,\cdots,x_{i-1},z)$ を出力する．一方で，$\tilde{D}$ の $O_{\tilde{X},\tilde{Y}}$ に対する質問は $O_{X,Y}$ を用いて答える．

D は $\tilde{D}$ と比較してオラクル質問の回数が高々 ℓ 回多い程度であり，D は $\tilde{D}$ の実行時間に加えて $O(\ell\cdot m\cdot \log|U|)$ 事件で実装できる．上のように $\sum_{i\in[m]} \mathbf{H}(Y_i|X_{1,\cdots,i-1}) \geqq k$ を満たす任意の Y に対して，(4) は $\tilde{D}$ が $\tilde{X}$ から次ブロックを区別できるような確率変数が $\tilde{Y}$ となることを導く．D によってなされる $\tilde{D}$ への質問は，結合分布 $(\tilde{X},\tilde{Y})$ に関する $\tilde{D}$ へのランダムチャレンジと同一に分布するので，

$$\delta^{\tilde{D}}_{\tilde{X},\tilde{Y}} = \delta^{D}_{X,Y} \leqq L\cdot\varepsilon = \tilde{L}\cdot(\ell\varepsilon)$$

が成り立つ．ただし，L と $\tilde{L}$ は D と $\tilde{D}$ とが行うオラクル呼び出しの回数である．これは，X の次ブロック擬似エントロピーに関する仮定に矛盾する．∎

次ブロック擬似エントロピーから擬似最小エントロピーへ

ここでは，次ブロック（平均）エントロピーから次ブロック最小エントロピーへ変換する方法について示す．この際，総合的なエントロピーギャップは増大する．X の変換はその単なる t 回の繰り返しである．（新しい確率変数 X^t の各ブロックは X の t 個の独立な複製の t 個のブロックに対応する．）U^m の値

を取る m ブロック確率変数 V と整数 $t>0$ に対して $V^t=((V_1^{(1)},\cdots,V_1^{(t)}),\cdots,(V_m^{(1)},\cdots,V_m^{(t)}))\in(U^t)^m$ とおき，各 $V^{(i)}$ は V の独立同一分布の複製とする．

補題 3.37 n をセキュリティパラメータとし，$m=m(n)=\mathrm{poly}(n)$, $t=t(n)=\mathrm{poly}(n)$ を $\mathrm{poly}(n)$-時間計算可能な関数とする．また，X を U^m 上の確率変数とする．ただし，X の各ブロックは α 以上の (T,ε)-次ブロック擬似エントロピーがある．$T=T(n)$, $\varepsilon=\varepsilon(n)$, $\alpha=\alpha(n)$. このとき，任意の $\kappa=\kappa(n)>0$ に対して X^t の各ブロックは (T',ε')-次ブロック擬似最小エントロピー α' を持つ，ただし，
- $T'=T'(n)=T-O(m\cdot t\cdot\log|U|)$
- 定数 $c>0$ に対して，$\varepsilon'=\varepsilon'(n)=t^2\cdot(\varepsilon+2^{-\kappa}+2^{-c\cdot t})$
- $\Gamma(t,\kappa,|U|)\in O(\sqrt{t\cdot\kappa}\cdot\log(|U|\cdot t))$ に対して $\alpha'=\alpha'(n)=t\cdot\alpha-\Gamma(t,\kappa,|U|)$

さらに，X^t と X の間の帰着は完全ブラックボックスである． $\square$

各複製ごとに α ビットの擬似エントロピーを得ており，$t\cdot\alpha$ の項は，擬似エントロピーに望むべき最大のものである．しかし，平均エントロピーの擬似形から最小エントロピーの擬似形へ変換したいので，変換の際に $\sqrt{t}$ 程度の逸脱はあるかもしれない．t を十分に大きく取ることにより，この逸脱は重要でなくなる．詳細には，多項式安全性を持つ α 以上の次ブロック擬似エントロピーを考える．つまり，$T, 1/\varepsilon$ は n の任意に大きな多項式となりうる．X^t は多項式安全性を持つ α' 以上の次ブロック擬似エントロピーを持つことを導きたい．このとき，κ と t を $\log n$ の任意に大きな倍数とし，$\alpha'=t\cdot(\alpha-O(\sqrt{(\log n)/t}\cdot\log t)$ とおく．もし，$t\cdot(\alpha-\delta)$ 以上の擬似最小エントロピーを望む場合は，t を $\mathrm{polylog}(n)/\delta^2$ とすればよい．われわれの応用では，$\delta=\Theta(\Delta/n)=\Theta(\log n/n)$ とし，$t=\tilde{O}(n^2)$ 個の複製を考える．

［証明］ X と同時分布する U 上の確率変数 Y_i に対して $(Y_i)^t=((Y_i)^{(1)},\cdots,(Y_i)^{(t)})$ とおく．ここで各 $j\in[t]$ に対してエントリ $(Y_i)^{(j)}$ は，結合分布 (X,Y_i) に従う X^t のエントリ $X^{(j)}$ と同時分布する．X^t の次ブロック擬似最小エントロピーを破る任意の敵対者 D_t があるとき，X の次ブロック擬似エントロピーを破る D を次のように定義する．入力 $(x_1,\cdots,x_{i-1},z)$ と $O_{X,Y}$ へのオラクルアクセスが与えられたとき，D はまず，$j\in_R[t]$ をサンプルし，また，$(O_{X,Y}$

を用いて)$(X^t,(Y_i)^t)$ から (x^t,y^t) のサンプルを取る．次に，$(x^t_{j,1},\cdots,x^t_{j,i-1})$ (x^t の j 番目のコラムの $(i-1)$ プレフィックス)を $(x_1,\cdots,x_{i-1})$ で置換し，$z^{[j]}=(x^t_{i,1},\cdots,x^t_{i,j-1},z,y^t_{j+1},\cdots,y^t_t)$ とセットし $D^{O_{X^t,(Y_i)^t}}(x^t_{1,\cdots,i-1},z^{[j]})$ を出力する．この際，D_t の $O_{X^t,(Y_i)^t}$ に対する質問は $O_{X,Y}$ を用いて答える．つまり，D は D_t に $(X^t_{1,\cdots,i-1},(Y_i)^t)$ と $X^t_{1,\cdots,i}$ の j 番目の混合分布について質問する．注意として，D は D_t よりもせいぜい t 回多く質問し，D の計算時間に $O(t\cdot m\cdot\log|U|)$ を加えたくらいの時間で実装可能である．$i\in[m]$ に対して $\mathbf{H}(Y_i|X_{1,\cdots,i-1})\geq\alpha$ を仮定すると，補題 3.35 より，U^t 上の(X^t と同時分布する)確率変数 W が存在し，以下が成り立つ．

(1) 定数 $c>0$ に対して，$\Delta((X^t_{1,\cdots,i-1},(Y_i)^t),(X^t_{1,\cdots,i-1},W))\leq 2^{-\kappa}+2^{-c\cdot t}$
(2) 各 $x\in\mathrm{supp}(X^t)$ に対して $\mathbf{H}_\infty(W|x_{1,\cdots,i-1})\geq\alpha-\Gamma(t,\kappa,|U|)$

$j\in[t]$ に対して $Z^{[j]}=((X^t_i)_{1,\cdots,j},(Y_i)^t_{j+1,\cdots,t})$ とおく(すなわち，X^t_i と $(Y_i)^t$ の j 番目の混成分布)．各 $i\in[m]$ に対して，

$$\begin{aligned}\delta^D_{X,Y,i}&=\frac{1}{t}\sum_{j\in[t]}(\Pr[D^{O_{X^t,(Y_i)^t}}(X^t_{1,\cdots,i-1},Z^{[j]})=1]\\&\quad-\Pr[D^{O_{X^t,(Y_i)^t}}(X^t_{1,\cdots,i-1},Z^{[j-1]})=1])\\&=\frac{1}{t}(\Pr[D^{O_{X^t,(Y_i)^t}}(X^t_{1,\cdots,i-1},Z^{[t]})=1]\\&\quad-\Pr[D^{O_{X^t,(Y_i)^t}}(X^t_{1,\cdots,i-1},Z^{[0]})=1])\\&=\frac{1}{t}(\Pr[D^{O_{X^t,(Y_i)^t}}(X^t_{1,\cdots,i-1},X^t_i)=1]\\&\quad-\Pr[D^{O_{X^t,(Y_i)^t}}(X^t_{1,\cdots,i-1},(Y_i)^t)=1])\\&\geq\frac{1}{t}(\Pr[D^{O_{X^t,W}}(X^t_{1,\cdots,i-1},X^t_i)=1]\\&\quad-\Pr[D^{O_{X^t,W}}(X^t_{1,\cdots,i-1},W)=1]-L'\cdot(2^{-\kappa}-2^{-c\cdot t}))\\&=\frac{1}{t}(\delta^{D_t}_{X^t,W,i}-L'\cdot(2^{-\kappa}-2^{-c\cdot t}))\end{aligned}$$

ただし，L' は D_t が行うオラクル呼び出しの上限である．$i\in_R[m]$ について期待値を取って

$$\delta_{X,Y}^{D} \geqq \frac{1}{t}(\delta_{X^t,W}^{D_t} - L' \cdot (2^{-\kappa} + 2^{-c \cdot t}))$$
$$\geqq \frac{1}{t}(t^2 \cdot L' \cdot (\varepsilon + 2^{-\kappa} + 2^{-c \cdot t}) - L' \cdot (2^{-\kappa} + 2^{-c \cdot t}))$$
$$\geqq L' \cdot t \cdot \varepsilon = L\varepsilon$$

を得る.ただし,$L=t \cdot L'$ は D が行うオラクル呼び出しの上限である.これは $\mathbf{H}(Y_i|X_{1,\cdots,i-1}) \geqq \alpha$ を満たす任意の Y_i で成立するので,X の次ブロック擬似エントロピーの仮定に矛盾する. ∎

次ブロック擬似最小エントロピーから擬似乱数へ

最後のステップでは,X の m 個のブロックのそれぞれが次ブロック大きな最小エントロピー α を持っていると仮定する.独立ハッシュ関数 S を用いて,各ブロックの擬似エントロピーのほとんどすべてを抽出する.その結果,十分に長い擬似ランダムなビット列が得られる.これは,乱数抽出研究[14, 66]におけるブロックソース抽出の計算論的な類似物である.

補題 3.38 n をセキュリティパラメータとする.$m=m(n)=\mathrm{poly}(n)$,$t=t(n)=\mathrm{poly}(n)$,$\alpha=\alpha(n) \in [t(n)]$ および $\kappa=\kappa(n) \in [\alpha(n)]$ を $\mathrm{poly}(n)$-時間計算可能な整数値関数とする.ある効率的な手続き $Ext \in \mathbf{NC}^1$ が存在し,入力 $x \in (\{0,1\}^t)^m$ と $s \in \{0,1\}^t$ に対して,次の性質を持つ文字列 $y \in \{0,1\}^{t+m \cdot (\alpha - \kappa)}$ を出力する.X を $(\{0,1\}^t)^m$ 上の確率変数とし,X の各ブロックは (T, ε)-次ブロック擬似最小エントロピー α を持つものとする.ただし,$T=T(n)$ かつ $\varepsilon=\varepsilon(n)$ とする.このとき,$Ext(X, U_t)$ は $(T-m \cdot t^{O(1)}, m \cdot (\varepsilon + 2^{-\kappa/2}))$-擬似ランダムである.また,$Ext(X, U_t)$ の擬似乱数性と X のセキュリティの間の帰着は完全ブラックボックス帰着である. ∎

[証明] $Ext(x, s) = (s, s(x_1), \cdots, s(x_m))$ とおく,ただし,s は強汎用ハッシュ関数(第 5 章にて紹介)として解釈する.そのハッシュ関数は t ビットから $\alpha - \kappa$ ビットへの関数で,$\mathbf{NC}^1$ で計算できるものとする.(例えば,$GF(2^t)$ で $s(x) = s \cdot x$ を計算し,その結果の $\alpha - \kappa$ ビットだけを切り出してもよい.)D_{PRG} を $Ext(X, U_t)$ の擬似ランダム性の敵対者とし,δ_{PRG} を識別度とする.X の次ブロック擬似エントロピーを破る敵対者 D を次のように定義する.入力

$(x_1, \cdots, x_{i-1}, z)$ に対して D は $D_{PRG}(s, s(x_1), \cdots, s(x_{i-1}), s(z), U_{(\alpha-\kappa)\cdot(m-i)})$ を出力する，ただし，s は $\{0,1\}^t$ から一様ランダムに選択する．

D はオラクル呼び出しを用いず(そのため，その質問計算量は1と数え)計算時間は D_{PRG} の計算時間に $m\cdot\text{poly}(t)$ を加えた程度である．一様分布するハッシュ関数 S に対して $Z^{[i]}(W)=(S, S(X_1), \cdots, S(X_{i-1}), S(W), U_{(\alpha-\kappa)\cdot(m-i)})$ とおく．$Y=\{Y_1, \cdots, Y_m\}$ を X と同時分布する U 上の確率分布族とし，すべての $x\in\text{supp}(X)$ と $i\in[m]$ に対して $\mathbf{H}_\infty(Y_i|X_{1,\cdots,i-1}=x_{1,\cdots,i-1})\geqq\alpha$ を満たすものとする．ハッシュ平滑化補題(5章で紹介)より，$Z^{[i]}(Y_i)$ と $Z^{[i-1]}(X_{i-1})$ との統計的距離は $2^{-\kappa/2}$ 以下である．よって，

$$\begin{aligned}\delta_{PRG} &= \Pr[D_{PRG}(Z^{[m]}(X_m))=1]-\Pr[D_{PRG}(Z^{[0]}(X_0))=1]\\ &= \sum_{i=1}^{m}(\Pr[D_{PRG}(Z^{[i]}(X_i))=1]-\Pr[D_{PRG}(Z^{[i-1]}(X_{i-1}))=1])\\ &\leqq \sum_{i=1}^{m}(\Pr[D_{PRG}(Z^{[i]}(X_i))=1]-\Pr[D_{PRG}(Z^{[i]}(X_i))=1]+2^{-\kappa/2})\\ &= m\cdot(\delta_{X,Y}^D+2^{-\kappa/2})\\ &\leqq m\cdot(\varepsilon+2^{-\kappa/2})\end{aligned}$$

が成り立つ． ∎

統 合

さて，定理3.34を証明する準備ができた．

定理 3.39(定理3.34再掲)　n をセキュリティパラメータとする．$m=m(n)$, $\Delta=\Delta(n)\in[1/\text{poly}(n), n]$ および $\kappa=\kappa(n)\in\{1,\cdots,n\}$ を $\text{poly}(n)$-時間計算可能であるとする．任意の多項式時間計算可能な m-ブロック生成器 $G_{nb}: \{0,1\}^n \to \{0,1\}^m$ に対して，多項式時間計算可能な擬似乱数生成器 $G: \{0,1\}^d \to \{0,1\}^{d\cdot(1+\Omega(\Delta/n))}$ が存在し，シード長は

$$d=d(n)=O\left(\frac{n^2\cdot m^2\cdot\kappa\cdot\log^2 n}{\Delta^3}\right)$$

で，以下の性質を満たす．

安全性．もし G_{nb} が $n+\Delta$ 以上の (T,ε)-次ブロック擬似エントロピーを持てば ($T=T(n)$, $\varepsilon=\varepsilon(n)$)，そのとき，$G$ は $(T-n^{O(1)}, n^{O(1)}\cdot(\varepsilon+2^{-\kappa}))$-擬似乱数生成器である．さらに，その帰着は完全ブラックボックスである．

計算量．G は $\mathbf{NC}^1$ で計算可能で，その際 G_{nb} を一様ランダムに $O(d/n)$ 回呼び出す． □

[証明] $X=G_{nb}(U_n)$ とおく．一般性を失うことなく G_{nb} の出力ブロック数 m は 2 の冪乗であるとする．（必要ならば 0 をパディングすればよい）．n 個のランダムビットとを用いて X は生成でき，次ブロック擬似エントロピー $k=n+\Delta$ を持つ．

いま，$\ell=\lceil(n+\Delta+\log m)/\Delta\rceil=O(n/\Delta)$ とセットし，エントロピー平滑化（補題 3.36 参照）を適用して $\tilde{X}=Equalizer(J, X^{(1)}, \cdots, X^{(\ell)})$ を得る．ここで，J は $[m]$ 上を一様分布し，$X^{(i)}$ は X の同一独立分布である．$\tilde{X}$ は $d_\ell=\log m+\ell\cdot n$ 個のランダムビットを用いて生成でき，$m'=(\ell-1)\cdot m$ ブロックを持つ．$\tilde{X}$ の各ブロックは $\alpha_\ell=k/m$ 以上の $(T_\ell=T-O(\ell\cdot m), \varepsilon_\ell=\ell\cdot\varepsilon)$-次ブロック擬似エントロピーを持つ．よって，$\tilde{X}$ の次ブロック擬似エントロピーと総数は

$$\begin{aligned}m'\cdot\alpha_\ell &= m\cdot(\ell-1)\cdot k/m \\ &= (n+\Delta)\cdot(\ell-1) \\ &\geqq n\cdot\ell+\log m+\Delta\ell/2 \\ &= d_\ell+\Delta\ell/2\end{aligned}$$

以上となる．最後の不等式は ℓ の設定による．

次に t 重の並列重ね合わせ（補題 3.37 参照）を用いて，$(\tilde{X})^t$ を得る．パラメータ $t=\mathrm{poly}(n)$ については以下で設定する．$(\tilde{X})^t$ は $d_t=t\cdot d_\ell$ 個のランダムビットで生成できそれぞれ t ビットの m' ブロックからなる．$(\tilde{X})^t$ の各ブロックは $(T_t=T_\ell-O(m'\cdot t), \varepsilon_t=t^2\cdot(\varepsilon_\ell+2^{-\kappa}+2^{-\Omega(t)}))$-次ブロック擬似最小エントロピー $\alpha_t=t\cdot\alpha_\ell-\Gamma(t,\kappa)$ を持つ．

最後に，補題 3.38 を適用して，$(\tilde{X})^t$ の各ブロックから長さ t のシードを用いて $\alpha_t-2\kappa$ を抽出する．これにより，最終出力 $Ext((\tilde{X})^t, U_t)$ は (T',ε')-擬似ランダムとなる．ここで，

$$T' = T_t - m' \cdot t^{O(1)} = T - \mathrm{poly}(n)$$
$$\varepsilon' = m' \cdot (\varepsilon_t + 2^{-\kappa}) = \mathrm{poly}(n) \cdot (\varepsilon + 2^{-\kappa} + 2^{-\Omega(t)})$$

である．$Ext((\tilde{X})^t, U_t)$ は

$$d = d_t + t = t \cdot d_\ell + t = O(t \cdot \ell \cdot n)$$

の長さのシードを用いて生成できて，その出力長は

$$\begin{aligned}
d' &= m' \cdot (\alpha_t - \kappa) + t \\
&= m' \cdot (t \cdot \alpha_\ell - \Gamma(t, \kappa) - \kappa) + t \\
&\geqq t \cdot d_\ell + t \Delta \ell / 2 - m' \cdot (\Gamma(t, \kappa) + \kappa) + t \\
&= d + t \Delta \ell / 2 - m' \cdot O(\sqrt{t\kappa} \cdot \log t + \kappa) \\
&\geqq d + t \Delta \ell / 4 = (1 + \Omega(\Delta/n)) \cdot d
\end{aligned}$$

となる．最後の不等式は以下の設定による．

$$t = O\left(\left(\frac{m'}{\Delta \ell}\right)^2 \cdot \kappa \cdot \log^2\left(\frac{m'\kappa}{\Delta \ell}\right)\right) = O\left(\frac{m^2 \cdot \kappa \cdot \log^2 n}{\Delta^2}\right).$$

最後に，シード長 d の上限は

$$d = O(t \cdot n \cdot \ell) = O\left(\frac{n^2 \cdot m^2 \cdot \kappa \cdot \log^2 n}{\Delta^3}\right)$$

と定めることができる．∎

4

計算量理論的な擬似乱数生成法の具体的構成

素因数分解問題や離散対数問題の計算困難性を安全性根拠とする，モジュラー演算にもとづく擬似乱数生成法の具体的な構成例をいくつか与える．与えた生成法が擬似乱数生成法となっていることを示すための理論的枠組みを与え適用する．

4.1 具体的な擬似乱数生成法

暗号学的擬似乱数の概念が定まる以前に，先駆的な成果として Shamir が擬似乱数生成方式を提案している[57]．ただし，ビット単位で見た場合に偏りがあることがわかっており，今日的な定義を満たしているものではないが，もちろん，ある程度の妥当な条件を満たしてはいる．その後，Blum と Micali によって，離散対数問題にもとづく擬似乱数方式が提案されている[7]．彼らの方式は今日的な定義を満たしているが，論文の中では完全には証明が与えられてはいない．前述したように，彼らの方式が今日的な定義を満たすことは Yao による次ビット予測テストが万能であるという結果と併せて証明される．Blum と Micali の方式を後述するが，彼らは方式を提案したのみならず基本的な構成パラダイム (Blum-Micali-Yao パラダイム) を提案したことにも貢献がある．第2章で見たように，現在の公開鍵暗号方式の基本になっている一方向性関数があり，Goldreich-Levin によって任意の一方向性関数にはハードコア関数が存在することが示されており，Blum-Micali の擬似乱数生成法は，一方向性関数の特別な場合である一方向性置換とそのハードコア関数を利用した方式構成となっている．一方向性置換の候補はいくつもあり，RSA 関数や離散対数関数などが代表的である．先に，任意の一方向性置換 $f(x)$ に対して，ハードコア関数 $h(x)$ が存在することについて触れた．ハードコア関数 $h(x)$ とは $f(x)$ からは計算するのは難しいが，x から計算することは容易な関数である．Blum-Micali の擬似乱数生成パラダイムは以下のように記述できる．

$$x_j = f(x_{j-1}), \quad y_j = h(x_j)$$

つまり，内部状態の更新は一方向性置換 f を施すことにより実現し，出力列はそのハードコア関数の値とするという方法論である．構成方法は単純であるため，このパラダイムにもとづく方式の提案はハードコア関数の提案とハードコア性の証明を与えることが主目的となっている．Blum & Micali 方式後は，Micali-Schnorr 方式[41]，Gennaro 方式[20]，Impagliazzo-Naor 方式[29]，Fischer-Stern 方式[16]などさまざまな方式が考案されている．以下で

は代表的な方式について個別に説明する．

Blum-Micali 方式

p を素数とする．g を $\mathbb{Z}_p^*$ の元で大きな位数を持つものとする．x_0 を $\mathbb{Z}_p^*$ からランダムに選び，シードとする．以下のような数列を考える．

$$x_j = g^{x_{j-1}} \bmod p, \qquad y_j = \begin{cases} 1 & \text{if } x_j \geqq (p-1)/2 \\ 0 & \text{if } x_j < (p-1)/2 \end{cases}$$

内部状態の変遷が x_j の系列で，出力系列が y_j で表されている．内部状態の1回の更新につき，1ビットの出力を行う方式である．Blum-Micali の方式では，この系列が予測可能と仮定すると，離散対数問題が効率良く解けてしまうことが証明できる．実際には，離散対数問題は計算論的に困難な問題であると広く信じられているために，この y_j の系列の予測も計算論的に困難だと結論付けられる．

上のタイプのパラダイムにしたがった擬似乱数列生成方式の場合，擬似乱数列の生成効率を決める要素は，内部状態の更新の計算コストと，内部状態から抽出できる最大ビット数である．冪乗計算は平均で $n/2$ 回の乗算が必要なため，この方式は現在では効率が悪い方式に位置付けられてしまっているが，最初の暗号学的擬似乱数生成方式であり，それ以降の基礎を与えている意味で重要である．

RSA 方式

p, q を素数とし，$N=pq$，$\phi=(p-1)(q-1)$ とする．n は N のビット数．また，e を $1<e<\phi$ の範囲で，$\gcd(e, \phi)=1$ を満たすものを選ぶ．x_0 を $\mathbb{Z}_N^*$ からランダムに選び，シードとする．以下のような数列を考える．

$$x_j = (x_{j-1})^e \bmod N, \qquad y_j = \text{lsb}_1(x_j)$$

ただし，$\text{lsb}_1(x)$ は x の最下位ビットを表す．この方式の安全性は，RSA 関数の逆計算が困難であるという仮定にもとづいて証明される．RSA 方式は，RSA 暗号の考案者である Rivest, Shamir, Adleman によるものではない．

RSA関数の一方向性についての性質に関する[2]の結果とBlum-Micaliのパラダイムを合わせると系として導出される方式である．Blum-Micali方式と比較して，効率の面で有利な点がある．RSA暗号の暗号化関数の効率化手法の1つとして，eを小さめにとるという方法があるが，同様なことが可能であり，1回の状態更新に必要な乗算回数を$n/2$よりも減少させることが可能である．

Micali-Schnorr方式

p,qを素数とし，$N=pq$，$\phi=(p-1)(q-1)$とする．nはNのビット数．また，eを$1<e<\phi$の範囲で，$\gcd(e,\phi)=1$，$80e\geq n$を満たすものを選ぶ．ここで，$k=\lfloor n(1-2/e)\rfloor$，$r=n-k$とする．$x_0$を$r$ビット列をランダムに選び，シードとする．以下のような数列を考える．

$$x_j = (\mathrm{msb}_r(x_{j-1}))^e \bmod N, \qquad y_j = \mathrm{lsb}_k(x_j)$$

Micali-Schnorr方式はRSA方式の改良として位置付けられている．この方式の安全性は，rビット列sに対して$s^e \bmod N$がZ_Nと計算論的に区別できないという仮定から証明される．この仮定はRSA問題が困難であるという仮定よりも強い仮定である．

Blum-Blum-Shub方式

pとqを$\bmod\ 4$で3と合同な素数とし，$N=pq$とする．$\mathbb{Z}_N^*$からランダムにsを選び，$s^2 \bmod N$をシードx_0とする．以下のような数列を考える．

$$x_j = (x_{j-1})^2 \bmod N, \qquad y_j = \mathrm{lsb}_1(x_j)$$

この方式の安全性はNの素因数分解が困難であるという仮定にもとづいて証明される．この方式はBBS方式と呼ばれる．状態更新関数が乗算1回で実現できるためにBlum-Micali方式やRSA方式よりも効率的である．

Gennaro方式

pを$\bmod\ \ 4$で3と合同な素数とする．cは$\omega(\log n)$を満たす数とす

る．s と g を $\mathbb{Z}_p^*$ からランダムに選ぶ．$\hat{g}=g^{2^{n-c}} \bmod p$ を計算し，$x_0 = \hat{g}^{\lfloor s/2^{n-c} \rfloor} g^{\mathrm{lsb}_1(s)} \bmod p$ をシードとする．以下のような数列を考える．

$$x_j = \hat{g}^{\lfloor x_{j-1}/2^{n-c} \rfloor} g^{\mathrm{lsb}_1(x_{j-1})} \bmod p, \qquad y_j = \mathrm{msb}_{n-c}(\mathrm{lsb}_{n-c+1}(x_j))$$

この方式の安全性は短い冪の離散対数問題が困難であるという仮定にもとづいて証明される．この方式の基本的アイデアは Patel-Sundaram によって与えられており，彼らが残した未解決問題を解くという形で Gennaro が完結させた [20]．特筆すべきは Gennaro 方式は Blum-Micali-Yao パラダイムによる構成手法とは異なる方法論で構成されている点である．Micali-Schnorr 方式でその原型を見ることができ，Patel-Sundaram が状態更新関数とは異なる関数の一方向性に帰着させている．Gennaro により，状態更新関数と同一の関数の一方向性に帰着させている．つまり，もはや状態更新関数は一方向性置換である必要はなく，一方向性関数でも擬似乱数生成方式を構成している例を与えている．論文中には触れられていないが，擬似乱数生成方式の新しいパラダイムを抽出できる．「新しいパラダイム」という考え方は [15] でも検討されている．Blum-Micali-Yao パラダイムも併せて一般化ができ，具体的には以下の通りである．

4.1.1 擬似乱数生成の枠組み

f を一方向性関数とする．

- Blum-Micali-Yao パラダイム：
  (1) $\{U_n\}$ と $\{f(U_n)\}$ の統計的距離が小さいことを示す (f が置換の場合は，統計的距離はゼロであり示すまでもない)．
  (2) h が (計算論的) ハードコア関数であることを示す．($\{(f(U_n), h(U_n))\}$ と $\{(f(U_n), U_{n'})\}$ とが f が一方向であることを利用して計算論的距離が小さいことを示す．)
- 新しいパラダイム：
  (1) $\{U_n\}$ と $\{f(U_n)\}$ の計算論的距離が小さいことを f が一方向であることを利用して示す．
  (2) h が (情報論的) ハードコア関数であることを示す．Gennaro 方式や

Micali-Schnorr 方式では $\{(f(U_n), h(U_n))\}$ と $\{(f(U_n), U_{n'})\}$ の統計的距離はゼロになっている．

2つのパラダイムの合成として，共に計算論的なものを採用することは可能であるが，(望ましい性質という訳ではないためか) その実現例は知られていない．また，共に統計的なものを採用することは不可能である．

4.2 具体的な関数におけるハードコア述語証明

前節では数論を利用した具体的な擬似乱数生成法を見たが，この節ではそのうちのいくつかについて暗号学的擬似乱数生成となっていることを示す．ただし，個別に証明を与えるのではなく，数論をベースとした方式の特定の述語がハードコア性を持つことを示す一般的な証明方法を与える．この枠組みで説明できるのは，RSA 方式，Blum-Micali 方式，Blum-Blum-Micali 方式である．

4.2.1 準　　備

$(D, \cdot)$ を可換群とし，D が群要素の集合を表し，$\cdot$ は群演算を表す．いま D から複素数への関数全体からなる集合

$$V_{D \to \mathbb{C}} = \{g : D \to \mathbb{C}\}$$

を考える．これは，複素数上の $|D|$ 次元のベクトル空間を形成する．このベクトル空間の内積の期待値は

$$\langle g, h \rangle = \mathbf{E}_{x \in D}\left[g(x) \cdot \overline{h(x)}\right]$$

と書ける．ただし，$\bar{z}$ は z の複素共役とする．標準的に ℓ_2-ノルムも $\|g\|_2^2 = \langle g, g \rangle$ のように定義される．このベクトル空間に対して自然な基底として，すべての x について e_x を考える．e_x は $e_x(x)=1$ かつ $y \neq x$ に対して $e_x(y)=0$ である．もう1つの基底として，Fourier 基底があり，それは乗法的関数全体からなる．指標 $\chi_\alpha : D \to \mathbb{C}$ は乗法的な関数であり，

$$\forall x, y \in D, \ \chi_\alpha(x \cdot y) = \chi_\alpha(x) \cdot \chi_\alpha(y)$$

4.2 具体的な関数におけるハードコア述語証明 ◆ 103

が成り立つ．これらの指標は直交基底であり，ℓ_2-ノルムは1で，全体で$|D|$個あるので$\mathcal{V}_{D\to\mathbb{C}}$に対して正規直交基底を構成する．以下，Fourier 基底と呼ぶ．

定義 4.1 $V_{D\to\mathbb{C}}$ の関数の **Fourier 表現**とは各指標への射影のベクトル，つまり，

$$g = \sum_{\alpha \in D} \hat{g}(\alpha)\chi_\alpha$$

であり，ただし

$$\hat{g}(\alpha) = \langle g, \chi_\alpha \rangle$$

である．係数 $\hat{g}(\alpha)$ は g の α-Fourier 係数と呼ばれ，$|\hat{g}(\alpha)|^2$ はその重みと呼ばれる．通常は D の要素から指標への一対一関数を利用する．各指標は $\alpha \in D$ を用いて χ_α と表記する． □

定義 4.2 $g: D \to \mathbb{C}$ と指標集合 Γ が与えられているとする．関数 g の Γ への制限は $g_{|\Gamma}: D \to \mathbb{C}$ と記述され

$$g_{|\Gamma} = \sum_{\chi_\alpha \in \Gamma} \hat{g}(\alpha)\chi_\alpha$$

と定義される． □

もし，関数 g が，任意の ε に対して，小さな，つまり，サイズ $\mathrm{poly}(\log(|G|)/\varepsilon)$ の指標集合で近似される場合，g を **Fourier 凝縮**と呼ぶ．

定義 4.3 関数 $g: D \to \mathbb{C}$ が Fourier 凝縮であるとは，任意の $\varepsilon > 0$ に対してサイズが $\mathrm{poly}(\log(|D|)/\varepsilon)$ の指標集合 Γ が存在して Γ の外にでる g の ℓ_2-ノルムが $\|g - g_{|\gamma}\| \leq \varepsilon$ となるときをいう． □

$\mathbb{Z}_N$ 上の Fourier 変換

加法群 $\mathbb{Z}_N$ の指標は以下のように定義される．

定義 4.4（$\mathbb{Z}_N$ 上の指標） 各指標 $\alpha \in \mathbb{Z}_N$ に対して，α-指標 $\chi_\alpha: \mathbb{Z}_N \to \mathbb{C}$ は

$$\chi_\alpha(x) = \omega_N^{\alpha x}$$

と定義される．ただし，$\omega_N = e^{i\frac{2\pi}{N}}$ は位数 N の1の原始根である． □

以下の命題は，指数 χ_α について，$\{0,\cdots,\ell-1\}$ の範囲で入力を動かしたときの関数値の期待値に関する上下限を与える．便宜上，$\alpha\in\mathbb{N}$ に対して，$\mathrm{abs}(\alpha)=\min\{\alpha, N-\alpha\}$ と定める．

命題4.5 $S_\ell(\alpha)\stackrel{\mathrm{def}}{=}\mathbf{E}_{y=0,\cdots,\ell-1}[\omega^{\alpha y}]$ とする．このとき，以下が成立する．

- （上限）$|S_\ell(\alpha)|^2 \leq \dfrac{(N/\ell)^2}{\mathrm{abs}(\alpha)^2}$
- （下限）$\mathrm{abs}(\alpha)\leq \dfrac{N}{2\ell}$ ならば $|S_\ell(\alpha)|^2 > \dfrac{1}{6}$

［証明］簡単のため，$\alpha=\mathrm{abs}(\alpha)$ と表記する．$\sum_{y=0}^{\ell-1}\omega^{\alpha y}$ は幾何級数和なので

$$S_\ell(\alpha) = \frac{1}{\ell}\frac{\omega^{\alpha\ell}-1}{\omega^\alpha-1}$$

と書ける．すべての b で $|\omega^b-1|^2 = 2\left(1-\cos(\dfrac{2\pi}{N}b)\right)$ であり，Taylor 展開より，

$$1-\frac{\theta^2}{2!} \leq \cos\theta \leq 1-\frac{\theta^2}{2!}+\frac{\theta^4}{4!} \quad (|\theta|\leq\pi)$$

がいえて，

$$|S_\ell(\alpha)|^2 = \frac{1}{\ell^2}\frac{1-\cos(\dfrac{2\pi}{N}\alpha\ell)}{1-\cos(\dfrac{2\pi}{N}\alpha)} \leq \frac{1}{\ell^2}\frac{2}{\dfrac{(\dfrac{2\pi}{N}\alpha)^2}{2!}-\dfrac{(\dfrac{2\pi}{N}\alpha)^4}{4!}} \leq \frac{(N/\ell)^2}{\alpha^2}$$

が成り立つ．もし，$\alpha\leq \dfrac{N}{2\ell}$ ならば

$$|S_\ell(\alpha)|^2 \geq \frac{1}{\ell^2}\frac{\dfrac{(\dfrac{2\pi}{N}\alpha t)^2}{2!}-\dfrac{(\dfrac{2\pi}{N}\alpha t)^4}{4!}}{\dfrac{(\dfrac{2\pi}{N}\alpha)^2}{2!}} > \frac{1}{6}$$

がいえる． ■

学習可能領域

Fourier 凝縮関数 $g\colon D\to\mathbb{C}$ は重い係数集合への制限で近似できる．よって，

g への質問アクセスだけができるという状況で,重い係数を学習することを考える. $Heavy_\tau(g)$ は重みが τ 以上の指標 χ_α の集合,つまり

$$Heavy_\tau(g) = \{\chi_\alpha \mid |\hat{g}(\alpha)|^2 \geqq \tau\}$$

である. ℓ_2-ノルムが 1 以下の任意の関数に対して,Parseval の等式

$$\|g\|_2^2 = \sum_\alpha |\hat{g}(\alpha)|^2$$

より, $|Heavy_\tau(g)| \geqq 1/\tau$ が成り立つ.特に,ブール関数 $g: D \to \{\pm 1\}$ に対しては $\|g\|_2^2 = 1$ がいえる.

定義 4.6 D が学習可能領域であるとは,ある学習アルゴリズムが存在して, $g: D \to \mathbb{C}$ への関数アクセスを利用し,入力として τ, δ および 1^k (ただし $k = \log(|D|)$ は $x \in D$ のサイズを表す) を取ったとき,k と $1/\tau$ の多項式長の指標のリストを出力し,そのリストは $1-\delta$ 以上の確率で $Heavy_\tau(g)$ を含む.アルゴリズムの実行時間は $k, 1/\tau, \log(1/\delta), \|g\|_2, \|g\|_\infty$ の多項式時間で動作する.
□

二進符号

二進符号は $\{\pm 1\}^*$ の部分集合で長さ m のベクトルに凝縮しているとき,符号語集合 $C \subseteq \{\pm 1\}^m$ となる. $m = |D|$ であるとき,各関数 $g: D \to \{\pm 1\}$ は $\{\pm 1\}^m$ のベクトルで表現でき,C は $\{\pm 1\}^m$ のベクトルの集合と考えることができる.われわれが対象とするのはブール関数族

$$V_{D \to \{\pm 1\}} = \{g: D \to \{\pm 1\}\}$$

である.ここで議論する符号は D の各要素を符号化することを想定しており,D の要素と符号語が一対一に対応する.つまり,

$$C = \{C_x\}_{x \in D}$$

を考えることになる.ベクトルとブール関数は同一視できるので,符号語 C_x は関数としても扱われる.本来,符号語は,通信中にノイズ等のエラーが印加されてももとのメッセージが復元できるようにすることが目的である.符号

語に対して，エラーが印加したベクトルを壊れた符号語と呼ぶ．エラーが印加するとは，ノイズモデルに応じて，符号語のいくつかのエントリが符号反転することを指す．壊れた符号語もまた関数として表現される．

定義 4.7 2つのブール関数 $g, h: D \to \{\pm 1\}$ の正規化 Hamming 距離は

$$\Delta(g, h) = \Pr_{x \in_R D}[g(x) \neq h(x)]$$

と定義される．任意のブール関数 $g: D \to \{\pm 1\}$ に対して

$$maj_g = \max_{b \in \{\pm 1\}} \Pr_{x \in_R D}[g(x) = b]$$

$$min_g = 1 - maj_g$$

という量を以下で利用する． □

定義 4.8 $C = \{C_x: D \to \{\pm 1\}\}_{x \in D}$ がリスト復号可能とは，符号に対してリスト復号アルゴリズムが存在する，つまり，多項式時間乱択アルゴリズムが存在し，壊れた符号語 $w: D \to \{\pm 1\}$ へのアクセスができるとき，入力 ε, δ, 1^k (ただし，$k = \log |D|$ は $x \in D$ のサイズ) に対して，リスト $L \supseteq \{x | \Delta(C_x, w) \leq min_{C_x} - \varepsilon\}$ を $1 - \delta$ 以上の確率で出力する． □

一方向性関数とハードコア述語

興味があるのはブール述語についてである．この点から(本来的には $\{0, 1\}$ ではあるが)値域を $\{\pm 1\}$ に変更して扱う．また，数論的な一方向性関数を扱う場合，その形式的な扱いも修正したほうが議論しやすいため，別途，一方向性関数等の定義を与える．

定義 4.9 $F = \{f_i: D_i \to R_i\}_{i \in I}$ が一方向性関数族である(ただし，I はインデックスの無限集合で D_i や R_i は有限である)とは，

(1) $i \in I \cap \{0, 1\}^k$ が効率的にサンプリング可能
(2) 任意の $i \in I$ に対して $x \in D_i$ を効率的にサンプルできる
(3) 任意の $i \in I, x \in D_i$ に対して $f_i(x)$ を効率的に計算できる
(4) 任意の $i \in I$ に対して f_i は逆計算困難，つまり，任意の多項式時間乱択アルゴリズム $\mathcal{A}$ に対して無視できる関数 $\nu_\mathcal{A}$ が存在し

$$\Pr[f_i(z) = y : y = f_i(x), z = \mathcal{A}(i,y)] < \nu_A(k)$$

が成り立つ(ここで,確率は$i \in I \cap \{0,1\}^k$, $x \in D_i$ のランダムな選択と$\mathcal{A}$の内部のコイントス上である).

□

定義 4.10 P をブール述語族とする.P が一方向性関数族 F のハードコア述語であるとは $f_i(x)$ から $P_i(x)$ の値を推測することがランダムな推測に対して無視できる程度の有意差しかないとき,つまり,任意の多項式時間乱択アルゴリズム $\mathcal{B}$ に対して,無視できる関数 $\nu_B(k)$ が存在し

$$\Pr[\mathcal{B}(i, f_i(x)) = P_i(x)] < maj_{P_i} + \nu_B(k)$$

が成り立つときをいう.ただし,確率は $\mathcal{B}$ のランダムコイントスと $i \in I \cap \{0,1\}^k$, $x \in D_i$ の選択による.

□

P が均衡した述語(その値が $+1$ となる入力と -1 となる入力が同数)に限定するならば,定義の条件は任意の多項式時間乱択アルゴリズム $\mathcal{B}$ に対して,無視できる関数 ν_B が存在し,

$$\Pr[\mathcal{B}(i, f_i(x)) = P_i(x)] < \frac{1}{2} + \nu_B(k)$$

を満たすことである.

定義 4.11 アルゴリズム $\mathcal{B}$ が P_i を f_i から予想できるとは,無視できない関数 ρ が存在し,

$$\Pr[\mathcal{B}(i, f_i(x)) = P_i(x)] \geqq maj_{P_i} + \rho(k)$$

を満たすことである.ただし,確率は $\mathcal{B}$ のランダムコイントスと $z \in D_i \cap \{0,1\}^k$ の選択による.

□

以下では,i を固定し,f_i の逆計算を行うことから $P_i(x)$ を $f_i(x)$ から予測することへの効率的帰着を与える.

4.2.2 学習を利用したリスト復号

ここでは,符号 $C = \{C_x : D \to \{\pm 1\}\}_{x \in D}$ に対するリスト復号アルゴリズム

を与える．アルゴリズムの動作要件は D が学習可能領域であること，C が Fourier 凝縮していて復元可能であることである．まずは定義を以下で与える．

定義 4.12 符号 C が凝縮しているとは，すべての符号語 $C_x \in C$ が Fourier 凝縮している関数であることである． □

定義 4.13 符号 C が復元可能であるとは，復元アルゴリズムが存在することで，つまり，多項式時間アルゴリズムが存在し，指標 χ_α ($\alpha \neq 0$ とする)としきい値 τ，および 1^k (ただし k は $x \in D$ のサイズ)を入力とし，

$$\{x \in D \mid Heavy_\tau(C_x) \ni \chi_\alpha\}$$

を含むリスト L_α を出力することである． □

入力 w が与えられたとき，w に近いすべての符号語 C_x を探し出すことを考える．以下の補題は C が凝縮符号であるとき，w が C_x に近いときには，w と C_x は共通の重い Fourier 係数を持つことを示している．

補題 4.14 $f, g: D \to \mathbb{C}$ が $\|f\|_2, \|g\|_2 \leq 1$ を満たし f は Fourier 凝縮関数で，ある $\varepsilon > 0$ に対して $\langle f, g \rangle > \varepsilon + |\hat{f}(0)\hat{g}(0)|$ を満たすものとする．このとき，ある(明示的な)しきい値 τ が存在し，τ は $\varepsilon, 1/k$ の多項式で，(ただし $k = \log(|D|)$ は $x \in D$ の長さ)

$$\exists \alpha \neq 0, \quad \chi_\alpha \in Heavy_\tau(f) \cap Heavy_\tau(g)$$

を満足する． □

［証明］ Γ を $o(\varepsilon)$ の範囲で凝縮する f の指標集合とする．つまり，補集合を $\bar{\Gamma}$ で表したとき，$\varepsilon' = \|f_{|\bar{\Gamma}}\|_2 \leq o(\varepsilon)$ とする．Cauchy-Schwartz の不等式より

$$\langle f_{|\bar{\Gamma}}, g_{|\bar{\Gamma}} \rangle^2 \leq \|f_{|\bar{\Gamma}}\|_2^2 \cdot \|g_{|\bar{\Gamma}}\|_2^2 \leq \varepsilon'^2 \cdot 1 = \varepsilon'^2$$

がいえて，Fourier 基底は正規直交基底なので

$$\sum_{\chi_\alpha \in \Gamma} \hat{f}(\alpha)\hat{g}(\alpha) = \langle f_{|\Gamma}, g_{|\Gamma} \rangle \geq \langle f, g \rangle - |\langle f_{|\bar{\Gamma}}, g_{|\bar{\Gamma}} \rangle| \geq \varepsilon + |\hat{f}(0)\hat{g}(0)| - \varepsilon'$$

が成り立ち，このことから，ある $\alpha \neq 0$ が存在して，$\chi_\alpha \in \Gamma$ かつ $|\hat{f}(\alpha)\hat{g}(\alpha)| \geq \dfrac{\varepsilon - \varepsilon'}{|\Gamma|}$ が成り立つ．いま，$|\hat{f}(\alpha)|$ および $|\hat{g}(\alpha)| \leq 1$ なので，

4.2 具体的な関数におけるハードコア述語証明 ◆ 109

$$|\hat{f}(\alpha)|,\ |\hat{g}(\alpha)| \geqq \frac{\varepsilon - \varepsilon'}{|\Gamma|}$$

がいえる。

さて，リスト復号アルゴリズムを示そう．

定理 4.15 D を学習可能領域，$C=\{C_x\colon D\to\{\pm 1\}\}$ を復元可能な凝縮符号とする．このとき C はリスト復号可能である．

［証明］ $\varepsilon, \delta, 1^k$ および，壊れた符号語 w が与えられたとき，$\Delta(C_x, w) \leqq min_{C_x} - \varepsilon$ を満たす符号語 C_x を考える．

補題 4.14 の f と g に C_x と w をそれぞれ代入する．$\Delta(C_x, w) \leqq min_{C_x} - \varepsilon$ と $\langle C_x, w\rangle \geqq |\mathbf{E}_j[C_x(j)]| + \varepsilon$ とが同値であることに留意すると，$\varepsilon, 1/k$ の多項式のあるしきい値 τ と

$$\chi_\alpha \in Heavy_\tau(C_x) \cap Heavy_\tau(w)$$

を満たす指標 χ_α（ただし $\alpha \neq 0$）が存在する．D は学習可能領域なので，$k, \varepsilon^{-1}, \log(1/\delta)$ の多項式時間で $Heavy_\tau(w)$ を含むリスト L' を見つけ，その確率は $1-\delta$ 以上である．

リスト復号アルゴリズムの出力は，リスト

$$L \supseteq \{x \in D \mid Heavy_\tau(C_x) \cap L' \neq \emptyset\}$$

で，これはしきい値 τ で L' の各指標に対して復元アルゴリズムを適用することで得られる．

$Heavy_\tau(C_x) \ni \chi_\alpha$ なので，高確率で $x \in L$ となる．τ は $\varepsilon, 1/k$ の多項式なので，リスト L の長さやアルゴリズムの実行時間は $k, 1/\varepsilon, \log(1/\delta)$ の多項式である．

4.2.3 リスト復号を利用したハードコア述語

この節を通して $F=\{f_i\colon D_i\to R_i\}_{i\in I}$ は一方向性関数族とし，$P=\{P_i\colon D_i\to \{\pm 1\}\}_{i\in I}$ は述語族，$C^P=\{C^{P_i}\}_{i\in I}$ は符号族とする．ただし，$C^{P_i}=\{C_x^{P_i}\colon D_i\to\{\pm 1\}\}$ は符号で，各符号語 $C_x^{P_i}$ は無視できない割合で $x\in D_i$ に対応しているものとする．

定義 4.16 P を述語族とする．C^P が F に関してアクセス可能であるとは，ある多項式時間乱択アルゴリズム $\mathcal{A}$ が存在して，$\forall i \in I \cap \{0,1\}^k$ で C^{P_i} が f_i に関してアクセス可能，つまり，以下が成立するときとする．

(1) コードアクセス：$\forall x, j \in D_i$ で $\mathcal{A}(i, f_i(x), j)$ は $C_x^{P_i}(j) = P_i(x')$ を満たすような $f_i(x')$ を返す．

(2) 拡散性：一様分布する $C_x^{P_i} \in C^{P_i}$ と $j \in D_i$ に対して，$f_i(x') = A(i, f_i(x), j)$ を満たす x' の分布は D_i 上の一様分布と統計的に近い．

(3) バイアス保存：任意の符号語 $C_x^{P_i} \in C^{P_i}$ に対して $|\Pr_j[C_x^{P_i}(j)=1] - \Pr_z[P_i(z)=1]| \leq \nu(k)$ が成り立つ．ただし，ν は無視できる関数である．

□

記述を簡単にするために，$i \in I \cap \{0,1\}^k$ を固定し，添字を省略する．もし C^P が f に関してアクセス可能ならば，P を予測するアルゴリズム $\mathcal{B}$ は，壊れた符号語へのアクセスを含意することを示す．

補題 4.17 $P: D \to \{\pm 1\}$ を均衡した述語とする．C^P が f に関してアクセス可能であると仮定する．また，f から P を予測するある多項式時間乱択アルゴリズム $\mathcal{B}$ を仮定する．このとき，符号語 $C_x^P \in C^P$ の無視できない割合で，与えられた $f(x)$ に対して，

$$\Delta(w_x, C_x^P) \leq \frac{1}{2} - \rho(k)$$

を満足する壊れた符号語へのアクセスができる．ただし，ρ は無視できない関数である．

□

［証明］ C^P は f に関してアクセス可能なので，アクセスアルゴリズム $\mathcal{A}$ が存在する．$f(x)$ が与えられたとき，w_x を

$$w_x(j) = \mathcal{B}(\mathcal{A}(f(x), j))$$

と定義する．$a_{x,j} \in D$ は $f(a_{x,j}) = \mathcal{A}(f(x), j)$ を満たすものとする．符号は拡散性を持ち，$\mathcal{B}$ は P を無視できない識別度 ρ' で予測するので，

$$\Pr[\mathcal{B}(f(a_{x,j})) = P(a_{x,j})] \geq \frac{1}{2} + \rho'(k) - \nu(k)$$

が成り立つ．ただし，確率は $\mathcal{B}$ のランダムコイントスと $C_x^P \in C^P$ と $j \in D$ の

ランダムな選択による．

2$\rho(k)=\rho'(k)-\nu(k)$ とおく，$a_{x,j}$ を考えるのに，まず $C_x^P \in C^P$ を選択し，次いで $j \in D$ を選択する場合，数え上げの議論により，

$$\forall C_x^P \in S', \quad \Pr[\mathcal{B}(f(a_{x,j})) = P(a_{x,j})] \geq \frac{1}{2}+\rho(k)$$

を満たす符号語の割合が $\rho(k)$ 以上となる C^P の部分集合 S' が存在する．ただし，確率は $\mathcal{B}$ のランダムコイントスと $j \in D$ のランダムな選択による．すなわち，$\forall C_x^P \in S'$, $\Delta(w_x, C_x^P) \geq \frac{1}{2} - \rho(k)$ が成立する． ∎

不均衡な述語についても同様な補題が成立する．

補題 4.18 $P: D \to \{\pm 1\}$ を述語とする．C^P は f に関してアクセス可能であると仮定する．また，多項式時間乱択アルゴリズム $\mathcal{B}$ が存在して，f から P が予測できるとする．このとき，無視できない割合の符号語 $C_x^P \in C^P$ に対して，$f(x)$ が与えられたとき，無視できない関数 ρ に対して

$$\Delta(w_x, C_x^P) \leq min_{C_x^P} - \rho(k)$$

が成り立つような壊れた符号語 w_x へのアクセスが存在する． ∎

例 4.19（バイナリ Hadamard 符号はアクセス可能） $F'=\{f'_n: \{0,1\}^n \times \{0,1\}^n \to R_n\}$ を一方向性関数族とする．ただし，$f'_n(x,y)=f_n(x)\|y$ とする．$GL=\{GL_n: \{0,1\}^n \times \{0,1\}^n \to \{\pm 1\}\}$ を $GL_n(x,r)=(-1)^{\langle x,r \rangle}$ の述語族とする．$C^{GL}=\{C^{GL_n}\}$ をバイナリ Hadamard 符号とし，

$$C^{GL_n} = \{C_{x,y}: \{0,1\}^n \to \{\pm 1\}, C_{x,y}(j) = (-1)^{\langle x,j \rangle}\}$$

と定める．このとき，アルゴリズム $\mathcal{A}(n, f'_n(x,y), (j',j))=f_n(x)\|j$ は f'_n に関して C^{GL_n} のアクセスアルゴリズムで，GL_n は均衡術語であり拡散性も持つ．

定理 4.20 符号族 $C^P=\{C^{P_i}\}_{i \in I}$ が $\forall i \in I$ に対して
(1) C^{P_i} はリスト復号可能で
(2) f_i に関して C^{P_i} がアクセス可能である
とする．このとき P は F のハードコア述語である． ∎

［証明］ インデックス $i \in I$ の無視できない割合に対して，無視できない確率で f_i の逆計算を行うことから，f_i から P_i を予測することへの帰着を与え

ればよい．記法を簡単にするために，(1)(2)を満足するように，ある $i \in I \cap \{0,1\}^k$ を固定し，インデックスを省略する．

アルゴリズム $\mathcal{B}$ は f から P を予測するものと仮定する．このとき，補題 4.18 より，ある無視できない関数 ρ と無視できない割合の符号語 $C_x^P \in C^P$ が存在し，$\Delta(w_x, C_x^P) \leq min_{C_x^P} - \rho(k)$ を満足するような壊れた符号語 w_x へのランダムアクセスが存在する．w_x についてリスト復号し，x を含むような短いリスト L を得る．リスト中の各候補 x' について，f の評価を行い，$f(x') = f(x)$ を確かめることにより，$f(x)$ の逆計算を行う．

注意 1.
実際無視できない割合のインデックス I に対して，上の定理の (1)(2) を満足する符号 C^{P_i} があることを示せば十分である．

注意 2.
われわれのリスト復号アルゴリズムは壊れた符号語 w_x へ多項式回だけアクセスするので，無視できる程度の距離にある 2 つの符号語を区別することはできない．結果として，われわれの証明で P が F のハードコア述語であるということから，各符号 $C_x \in C^{P_i'}$ が符号語 $C_x \in C^{P_i}$ と無視できる距離の範囲にある限り，$P = \{P_i'\}_{i \in I}$ もまた，F のハードコア述語であることを示している．

4.2.4 数論的ハードコア述語

$\mathbb{Z}_N$ を法 N のもとでの加法と乗法がある整数環であるとする．ここでは，$\mathbb{Z}_N$ 上の広範な範囲のハードコア述語，セグメント述語が一方向性関数 (の候補) EXP, RSA, $Rabin$

$$EXP : x \mapsto g^x \quad (g \text{ は } \mathbb{Z}_N^* \text{ の生成元})$$
$$RSA : x \mapsto x^e$$
$$Rabin : x \mapsto x^2$$

に対するハードコア述語になっていることを示す．EXP, RSA, $Rabin$ はそれぞれ，Blum-Micali 方式，RSA 方式，Blum-Blum-Micali 方式の擬似乱数生成法に対応する．

セグメント述語の定義はハードコア述語として知られているいくつかの述語

を特別な場合として含む．また，従来はハードコア述語とは知られていないものも表現される．

セグメント述語

定義 4.21 $P=\{P_N: \mathbb{Z}_N \to \{\pm 1\}\}$ を述語族とし，定数と無視できないほど異なっているものとする．つまり，無視できない関数 ρ が存在し，$maj_{P_N} \leqq 1-\rho(k)$ が成り立つ．ただし，$k=\log N$ とする．

- P_N が基本 t-セグメント述語であるとは $P_N(x+1) \neq P_N(x)$ となるのは t 個以下の $x \in \mathbb{Z}_N$ においてである．
- P_N が t-セグメント述語であるとは，ある基本 t-セグメント述語 P' と $a \in \mathbb{Z}_N$ が存在して，a は N と互いに素で，すべての $x \in \mathbb{Z}_N$ において，$P_N(x) = P'(x/a)$ が成り立つときをいう．
- もしすべての N に対して，P_N が $t(N)$-セグメント述語で，$t(N)$ が $\log N$ の多項式ならば，$\mathcal{P}$ はセグメント述語族と呼ぶ．

□

注意 3.
P が定数と無視できないほど異なっているという条件は本質的ではない．定数に近いときには，明らかに $P_i(x)$ は多数決を予測するのに比べて無視できないほどの識別度をもって予測することはできない．なぜならば，多数決の推測がすでに十分よい予測だからである．セグメント述語の定義は十分に一般的である．それは，$RSA, Rabin$ や EXP，その他新しい述語の多くを説明できる．以下で，一般的であることやセグメント述語の定義から容易に導かれる事例を示す．

例 4.22（最上位ビット） $msb: \mathbb{Z}_N \to \{\pm 1\}$ を $x<N/2$ のときに $msb(x)=1$ となり，それ以外のとき -1 となる述語と定義する．値が変化するのは 2 回なので，この述語は基本 2-セグメント述語である． □

例 4.23（RSA の最下位ビット） $lsb: \{0, \cdots, N-1\} \to \{\pm 1\}$ を x が奇数のとき $lsb(x)=1$ で，x が偶数のとき $lsb(x)=0$ となるように定義する．N が奇数のとき，任意の x で，$lsb(x)=msb(x/2)$ であり，msb は基本 2-セグメント述語なので，lsb は $a=2$ とすれば，2-セグメント述語となる．その結果，lsb は RSA

のセグメント述語である．N が奇数のとき $\mathbb{Z}_N$ 上のその他の任意の関数と同様である．p は素数なので $\mathbb{Z}_{p-1}$ は偶数である EXP のような偶数定義域上の関数に対してはセグメント述語ではない． □

例 4.24(RSA の分割ビット) i 番目の分割ビット $b_i: \mathbb{Z}_N \to \{\pm 1\}$ は $\mathbb{Z}_N$ を 2^i 個の区間に分割し，区間ごとに値を変化させる．つまり，$b_i(x) = msb(x2^i)$ のように定める．これは，最上位ビットの自然な一般化であり，$i=0$ の場合が最上位ビットに対応し，$\mathbb{Z}_N$ を 2 つに分割する．$msb(x)$ は基本 2-セグメント述語なので，b_i は RSA に対して $a=2^{-i}$ とおいて，2-セグメント述語となる． □

例 4.25(新しい基本セグメント述語) 一般的に，$\mathbb{Z}_N$ を多項式個の区間に区切って，各区間に対して，任意の値(± 1)を付与することで新しい基本セグメント述語が定義できる．たとえば，最初の 10% からなる区間と 50~90% の区間には値 1 とし，その他は -1 としてもよい． □

例 4.26(新しいセグメント述語) 任意の新しい基本セグメント述語と，N と素な任意の数を用いて，セグメント述語を定義してもよい．例えば，EXP の場合，lsb はセグメント述語ではないが，多くの場合ではセグメント述語である．例えば，$TriLsb(x) = msb(x/3)$ のように msb の 3 分割を考えてもよい．$p-1 = 2q$ で q は素数であるという標準的な仮定のもとで，これはセグメント述語である． □

符号の定義法

定義 4.27 各述語 $P_N: \mathbb{Z}_N \to \{\pm 1\}$ に対して，乗算型符号 $C^{P_N} = \{C_x: \mathbb{Z}_N \to \{\pm 1\}\}_{x \in \mathbb{Z}_N^*}$ を

$$C_x(j) = P_N(j \cdot x \bmod N)$$

と定義する．述語族 $\mathcal{P} = \{P_N: \mathbb{Z}_N \to \{\pm 1\}\}$ に対して $C^{\mathcal{P}} = \{C^{P_N}\}$ と記述する． □

($\mathbb{Z}_N^*$ は $\mathbb{Z}_N$ の無視できない部分集合なので)C^{P_N} は無視できない割合の $x \in \mathbb{Z}_N$ に対する符号語 C_x からなる．

4.2 具体的な関数におけるハードコア述語証明 ◆ 115

リスト復号

定理 4.43 で加法群 $\mathbb{Z}_N$ は学習可能領域であることを見る．次の 2 つの補題で，P_N がセグメント述語であるとき，乗算型符号 C^{P_N} は凝縮かつ復元可能であることを示す．任意の関数 g において $\|g-g_{|\Gamma}\|_2^2 \leq \varepsilon$ ならば g は Γ 上を ε の範囲で凝縮しているという．

補題 4.28 $P=\{P_N\}$ をセグメント述語族とする．このときすべての N で，C^{P_N} は凝縮している． □

［証明］まず，任意の基本セグメント述語は小さい ($\mathrm{abs}(\alpha)=\min\{\alpha, N-\alpha\}$ が小さい) 指標上に凝縮していることを示す．

命題 4.29 $\varepsilon>0$ とする．基本 t-セグメント述語 $P: \mathbb{Z}_N \to \{\pm 1\}$ に対して P は ε の範囲で $\Gamma=\{\chi_\alpha | \mathrm{abs}(\alpha) \leq O(t^2/\varepsilon)\}$ 上に凝縮している．つまり

$$\|P_{|\{\chi_\alpha | \mathrm{abs}(\alpha) > O(t^2/\varepsilon)\}|}\|_2^2 \leq \varepsilon$$

が成り立つ． □

［証明］まず，基本 2-セグメント述語 P (セグメント I に属する場合は 1 で，属さない場合は -1) の Fourier 係数を検討してみる．

$$|\hat{P}(\alpha)| = \mathbf{E}_x[P(x)\chi_\alpha(x)] = \frac{1}{N}\left[\sum_{x \in I} \chi_\alpha(x) - \sum_{x \notin I} \chi_\alpha(x)\right]$$

を得る．命題 4.29 より $|\frac{1}{N}\sum_{y=0}^{\ell-1}\chi_\alpha(y)| < \frac{1}{\mathrm{abs}(\alpha)}$ が成り立つ．結果として，$\hat{P}(\alpha)$ は 2 つの和 $\sum \chi_\alpha(x)$ の差であり，各総和は 0 から始まる和の差として表現されるので，$|\hat{P}(\alpha)| < O(1/\mathrm{abs}(\alpha))$ が成り立つ．いま，基本 t-セグメント述語 P の性質を検討しよう．基本 t-セグメントは $\mathbb{Z}_N$ を t 個のセグメント I_j に分割する．P はセグメント I_j 内では定数となっている．つまり，P は和 $P=t-1+\sum_{j=1}^{t} P_j$ と表現され，各関数 $P_j: \mathbb{Z}_N \to \{\pm 1\}$ は $x \in I_j$ では $P_j(x)$ は定数 $P(x)$ であり，それ以外では -1 である．各 P_j は基本 2-セグメント述語なので，$|\hat{P_j}(\alpha)| < O(1/\mathrm{abs}(\alpha))$ が成り立つ．よって

$$|\hat{P}(\alpha)| = \left|\sum_{j=1}^{t}\hat{P_j}(\alpha)\right| \leq O(t/\mathrm{abs}(\alpha))$$

である．いま，すべての大きな指標上の和を考える．

$$\sum_{\mathrm{abs}(\alpha)>k} |\hat{P}(\alpha)|^2 \leqq O(t^2) \sum_{\mathrm{abs}(\alpha)>k} \frac{1}{\mathrm{abs}(\alpha)^2} \leqq O\left(\frac{t^2}{k}\right)$$

つまり，$\varepsilon>0$ に対して

$$\|P_{|\{\chi_\alpha|\mathrm{abs}(\alpha)>O(t^2/\varepsilon)\}}\|_2^2 \leqq \varepsilon$$

がいえる． ∎

上の主張より，C^{P_N} が凝縮していることが簡単に確かめられる．以下の命題を適用すればよい．

命題 4.30 $f, g\colon \mathbb{Z}_N \to \mathbb{C}$ が $g(y)=f(y/b)$ かつ $b \in \mathbb{Z}_N^*$ を満たすとき $\hat{g}(\alpha)=\hat{f}(\alpha b)$ がいえる． ∎

［証明］ 定義より $\hat{g}(\alpha)=\mathbf{E}_{y \in \mathbb{Z}_p}[f(y/b)\chi_\alpha(y)]$ がいえる．$b \in Z_N^*$, $\{yb\}_{y \in \mathbb{Z}_N}=\mathbb{Z}_N$ なので $\hat{g}(\alpha)=\mathbf{E}_{yb, y \in \mathbb{Z}_N}[f(yb/b)\chi_\alpha(yb)]$ が成り立つ．いま $\chi_\alpha(yb)=\chi_{\alpha b}(y)$ より $\hat{g}(\alpha)=\mathbf{E}_y[f(y)\chi_{\alpha b}(y)]=\hat{f}(\alpha b)$ がいえる． ∎

符号 C^{P_N} が一般のセグメント述語 P_N に対して $C_x(j)=P_N(jx)$ と定義される．$P_N(x)=P'_N(x/a)$ なので（ただし P'_N は基本 t-セグメント述語），$C_x(j)=P'_N(jx/a)$ が成り立つ．いま，上の補題より，P'_N は ε の範囲で $\{\chi_\alpha|\mathrm{abs}(\alpha)<O(t^2/\varepsilon)\}$ 上で凝縮している．よって C_x は ε の範囲で

$$\varGamma = \{\chi_\beta \mid \beta = \alpha(x/a) \bmod N, \mathrm{abs}(\alpha) \leqq O(t^2/\varepsilon)\}$$

上で凝縮している．よって C^{P_N} は凝縮している． ∎

補題 4.31 $P=\{P_N\}$ をセグメント述語としたとき $\forall N$, C^{P_N} は復元可能である． ∎

［証明］ P_N を t-セグメント述語とする．C^{P_N} に対する復元アルゴリズムで，$t \log N$ の多項式時間で動作するものを示す．ある基本セグメント述語 P'_N に対して $P_N(y)=P'_N(y/a)$ とおく．このとき，$C_x(j)=P_N(jx)=P'_N(jx/a)$ より（補題 4.28 を用いて）C_x は ε の範囲で

$$\varGamma = \{\chi_\beta \mid \beta = \alpha(x/a) \bmod N, \mathrm{abs}(\alpha) < O(t^2/\tau)\}$$

上に凝縮する．

$\beta \neq 0$ の指標 χ_β としきい値パラメータ τ を入力として，$\{x|Heavy_\tau(C_x) \ni \chi_\beta\}$ を含むリストを出力するアルゴリズムを与えよう．

C_x は τ の範囲で Γ 上で凝縮しているので，$\chi_\beta \in Heavy_\tau(C_x)$ は $\chi_\beta \in \Gamma$ を含意し，よって $\mathrm{abs}(\alpha) \leq \mathrm{poly}(\log N/\tau)$ に対して

$$\beta \equiv x(\alpha/a) \bmod N$$

が成り立つ．われわれのアルゴリズムは L_α の和集合を出力するが，各 L_α は $x \equiv \beta(\alpha/a)^{-1} \bmod N$ を満たすような x をすべて含んでいる．

もし α が N と素なら，α/a も N と素であり，この方程式に唯一解が存在し，拡張ユークリッド法で効率的に求解できる．そうでない場合，もし，α が N と素でない場合，$d = \gcd(\alpha, N)$ が簡単に計算できて，

$$x \equiv \beta(\alpha/a)^{-1} \bmod N/d$$

を計算し，

$$L_\alpha = \left\{ x + i \cdot \frac{N}{d} \pmod N \right\}_{i=0,\cdots,d-1}$$

をすべて出力する．

$\mathrm{abs}(\alpha) \leq O(t^2/\tau))$ を満たすすべての α についてのリスト L_α の和集合は $Heavy_\tau(C_x) \ni \chi_\beta$ を満たす x をすべて含んでいる．$\gcd(\alpha, N)$ は小さいので，リスト長と計算時間は $\mathrm{poly}(\log N/\tau)$ である． ∎

定理4.15と上の補題を合わせるとセグメント述語族 $P = \{P_N\}$ に対して，任意の N で，乗算型符号 C^{P_N} はリスト復号可能であることがわかる．

アクセス可能性

乗算型符号 $C^{P_N} = \{C_x\}_{x \in \mathbb{Z}_N^*}$ は一方向性関数の候補 RSA, $Rabin$ や EXP に対してアクセス可能であることを示す．

定義 4.32 RSA 関数の逆計算の困難性を仮定することで一方向性関数族が構成できる．$I = \{(n, e), n = pq, |p| = |q|, p$ と q は素数で $(e, \phi(n)) = 1\}$ に対して

$RSA=\{RSA_{n,e}(x)=x^e \bmod n, RSA_{n,e}: \mathbb{Z}_n^* \to \mathbb{Z}_n^*\}_{(n,e)\in I}$ と定義する.

RSA や $Rabin$ の文脈でセグメント述語を考える際の考慮すべき技術的問題はセグメント述語は $\mathbb{Z}_N$ 上で定義されるのに対して RSA や $Rabin$ は $\mathbb{Z}_N^*$ 上で定義される点である.この困難性を克服するために,セグメント述語の定義を拡張する.P_N' が P_N の制限で,入力を $\mathbb{Z}_N^*$ に限定するようなセグメント述語族 $P=\{P_N: \mathbb{Z}_N \to \{\pm 1\}\}$ が存在するならば,$P'=\{P_N'\}: \mathbb{Z}_N^* \to \{\pm 1\}$ もセグメント述語族と呼ぶことにする.一般性を失うことなく,$x\in \mathbb{Z}_N \setminus \mathbb{Z}_N^*$ に対して $P_N(x)=0$ を仮定する.

補題 4.33 $P=\{P_{N|\mathbb{Z}_N^*}|P_N: \mathbb{Z}_N \to \{0,1\}\}$ をセグメント述語族としたとき,P は RSA のハードコア述語である.

[証明] $\mathcal{A}$ をアクセスアルゴリズムとし,入力は $\langle N, e\rangle, RSA_{N,e}(x), j$ で,出力は,もし $j\in \mathbb{Z}_N^*$ ならば $RSA_{N,e}(jx)=RSA_{N,e}(j)RSA_{N,e}(x) \bmod N$ を返し,それ以外は 0 を返す.

任意の固定した $x\in \mathbb{Z}_N^*$,一様に分布した $j\in \mathbb{Z}_N$ に対して $RSA_{N,e}(x')=\mathcal{A}(i, RSA_{N,e}(x), j)$ を満足する x' の分布を考える.この分布の $\mathbb{Z}_N^*$ への制限は一様であり,一方で $\mathbb{Z}_N \setminus \mathbb{Z}_N^*$ への制限は唯一の値 $x'=0$ を与える.一般性を失うことなく,入力 $j\notin \mathbb{Z}_N^*$ の割合は無視できるものにすぎないので,この分布は依然として一様に近い(そうでなければ RSA が解読されてしまう).よって,符号は拡散性があり,バイアスを保存する. ∎

定義 4.34 離散対数問題の困難性仮定は以下の一方向性関数族を定める.$I=\{(p,g), p \text{ は素数}, g \text{ は } \mathbb{Z}_p^* \text{ の生成元}\}$ に対して,$EXP=\{EXP_{p,g}(x)=g^x \bmod p, EXP_{p,g}: \mathbb{Z}_{p-1} \to \mathbb{Z}_p^*\}_{(p,g)\in I}$ と定義する.

補題 4.35 $P=\{P_{p,g}: \mathbb{Z}_{p-1} \to \{\pm 1\}\}$ をセグメント述語族としたとき,P は EXP のハードコア述語である.

[証明] アクセスアルゴリズム $\mathcal{A}$ の入力は $(p,g), EXP_{p,g}(x), j$ とし,その出力は $EXP_{p,g}(xj)=EXP_{p,g}(x)^j \bmod N$ とする.

任意の固定した $x\in \mathbb{Z}_{p-1}^*$ に対して,一様に分布している $j\in \mathbb{Z}_{p-1}$ に対して $EXP_{p,g}(x')=\mathcal{A}(i, EXP_{p,g}(x), j)$ を満たす x' は一様に分布している.よって,符号は拡散性がありバイアスを保存する. ∎

注意.
($C^P=\{C_x\}_{x\in\mathbb{Z}_{p-1}^*}$ なので) $p-1$ と互いに素な x に対してのみ $EXP_{p,g}(x)$ の逆計算を行う．しかしながら，EXP のランダム自己帰着性により，任意の x で逆計算を行うことができる．任意の $r\in_R\mathbb{Z}_{p-1}$ に対して $EXP_{p,g}(x+r)=g^x\cdot g^r$ は高い確率で $\mathbb{Z}_p^*$ の生成元である．この場合，$x'=x+r$ を見つけるのに $EXP_{p,g}(x+r)$ の逆計算を行う．そして，$x=x'-r$ を出力する．

注意.
lsb は奇数サイズの定義上のセグメント述語であり，RSA のハードコアになっている．一方で，EXP に対しては定義域は偶数サイズなので lsb はハードコアではない．原因がどこにあるのかをみるのに，符号語 $C_x(j)=lsb(jx)$ からなる符号 C^{lsb} を考えてみよう．この符号の符号語は2つの関数のうちの1つに対応する，つまり，偶数の x に対しては $C_x(j)=lsb(jx)=1$，奇数の x に対しては $C_x(j)=lsb(jx)=lsb(j)$ となるので，この符号は短い出力をする復元アルゴリズムが存在しない．また，各符号語は符号語の半分と距離が0なので，リスト復号アルゴリズムも存在しない．

定理4.36 P をセグメント述語族とする．$RSA, Rabin, EXP$ が一方向性関数であると仮定すると，P はそれぞれに対してハードコアである． □

4.2.5 連続ビットのセキュリティ

定義4.37 $F=\{f_i\colon D_i\to R_i\}_{i\in I}$ を一方向性関数族とする．$H=\{h_i\colon D_i\to \{0,1\}^{\ell(i)}\}_{i\in I}$ を関数族とし，各 $i\in I\cap\{0,1\}^k$ に対して $\ell(i)$ は k の多項式とする．多項式時間乱択アルゴリズム $\mathcal{D}$ が F に関して H の識別アルゴリズムであるとは，ある無視できない関数 ρ が存在して

$$|\Pr[\mathcal{D}(f_i(x), h_i(x))=1]-\Pr[\mathcal{D}(f_i(x), h(r))=1]|\geqq \rho(k)$$

を満たすときをいう．ただし，確率は $\mathcal{D}$ のランダムなコイントスと $i\in I\cap\{0,1\}^k$, $x,r\in D_i$ のランダムな選択による．F に関して H の識別アルゴリズムが存在しないとき，H は F に関してハードコアという． □

セグメント述語の定義をセグメント関数へ拡張する．

定義 4.38 $H=\{h_N\colon \mathbb{Z}_N \to \{0,1\}^{\ell(N)}\}_{N\in I}$ を関数族とする．各 $s\in\{0,1\}^{\ell(N)}$ に対して述語 $P_N^{H,s}\colon \mathbb{Z}_N \to \{0,1\}$ を次のように定義する．$h_N(x)=s$ なら $P_N^{H,s}(x)=1$ とし，そうでないなら 0 とする．H がセグメント関数族であるとは $P=\{P_N^{H,s}\}_{N\in I, s\in\{0,1\}^{\ell(N)}}$ がセグメント述語族になるときをいう． □

同時セキュリティを証明するためには，以下の例でみるように不均衡セグメント述語を考えることが有用である．

例 4.39（上位ビット） $Pref_N(x)$ を x のバイナリ表現の最上位 $\ell(N)$ ビットとする．すべての $s\in\{0,1\}^{\ell(N)}$ に対して不均衡述語を以下のように定義する．$Pref_N(x)=s$ なら $P_N^s(x)=1$ とし，それ以外は 0 とする．$\ell(N) \leqq O(\log\log N)$ のとき，(定数から無視できないほど離れているので) P_N^s はセグメント述語である．よって，$H=\{Pref_N\colon \mathbb{Z}_N \to \{0,1\}^{\ell(N)}\}_N$ はセグメント関数族である．

例 4.40（分割ビット） $a\in\mathbb{Z}_N^*$ とし，$Dissect_{a,N}(x)=Pref_N(x/a)$ とおく．$\ell(N) \leqq O(\log\log N)$ のとき $H=\{Dissect_{a,N}\colon \mathbb{Z}_N \to \{0,1\}^{\ell(N)}\}_N$ はセグメント関数族である．

定理 4.41 $H=\{h_N\colon \mathbb{Z}_N \to \{0,1\}^{\ell(N)}\}_{N\in I}$ をセグメント関数族とする．このとき，RSA, Rabin, EXP が一方向性関数であるという仮定のもとで，H はこれらの関数のハードコアである． □

4.2.6 可換群上の関数の重い Fourier 係数学習

ここでは，与えられた関数 g の重い Fourier 係数をすべて学習することを考える．

定理 4.42 D を可換群として，その生成元の集合は既知であるとする．ある学習アルゴリズムが存在し，$g\colon D \to \mathbb{C}$ へのアクセスが可能で，$0<\tau$ および $0<\delta<1$ を入力とする．その出力は，リストであり，$O(|g|_2^2/\tau)$ 個の指標からなる．リストは，$1-\delta$ 以上の確率で $Heavy_\tau(g)$ を含んでいる．計算時間は $\log|D|, \|g\|_\infty, 1/\tau$ および $\ln(1/\delta)$ の多項式である． □

g として $\mathbb{Z}_N$ 上で定義されているブール関数を対象に考える．

定理 4.43 $g\colon \mathbb{Z}_N \to \{\pm 1\}$ へのブラックボックスアクセスと入力 $0<\tau, 0<\delta<1$ が与えられたとき，$O(1/\tau)$ 個の指標からなるリスト (各指標は $\log N$ ビットで符号化される) を出力するアルゴリズムが存在する．$1-\delta$ 以上の確率で，そ

のリストには $Heavy_\tau(g)$ を包含しており，アルゴリズムの実行時間は $\tilde{O}(\log N \cdot \ln^2(1/\delta)/\tau^{5.5})$ である． □

アルゴリズムの概要

$\mathbb{Z}_N$ をサイズ N/ℓ_0 の区間に分割したものを初期の区間集合 $\mathcal{C}_0$ として，アルゴリズムを開始する．$\mathcal{C}_0$ の各区間は，χ_α が g の重い指標となる α を含んでいる候補とみなす．アルゴリズムは区間精緻化ステップを $O(\log(N/\ell_0))$ 回繰り返すという構造になっている．$i \geq 1$ 回目の精緻化ステップで，区間集合 $\mathcal{C}_{i-1}$ に属している各区間をサイズ $N/\ell_0 \cdot 2^i$ の部分区間へ2分割する．各部分区間について，新しい区間集合 $\mathcal{C}_i$ に加えるか捨て去るかを，識別ステップの結果で決定する．χ_α が重いような α を含んでいるか，そんな α を含むとは程遠い(すべての指標の合計(少し大きめに区間を考えて)ある定数 $c<1$ で $c \cdot \tau$ よりも小さい)かということを判定する．実際，アルゴリズムの肝は識別アルゴリズムを見出すことである(詳細はの精緻化手続きの欄を参照)．すべての精緻化ステップが終了すると，アルゴリズムは重い指標を含む単一区間(他の指標を含むかもしれないが)の区間集合からなる．後処理で，指標のリストを削減し，高い確率で長さ $O(1/\tau)$ のリストにしつつ，g のすべての重い指標を含むようにする．

アルゴリズム

アルゴリズムの中心的役割を果たすのが，良い ℓ-候補区間集合という考え方である．

定義 4.44(良い ℓ-区間集合) $J_j^\ell = [(j-1)\lceil(N/\ell)\rceil, j\lceil(N/\ell)\rceil - 1]$ をサイズ $\lceil(N/\ell)\rceil$ の区間の集合とする．ℓ-区間集合 $\mathcal{C}$ は $\{J_j^\ell\}_{1 \leq j \leq \ell}$ の部分集合である．ℓ-区間集合 $\mathcal{C}$ が良いとは

(1) $|\mathcal{C}| \leq O(1/\tau^{1.5})$ ($\mathcal{C}$ が小さい)，かつ
(2) すべての $\chi_\alpha \in Heavy_\tau(g)$ に対して $J \in \mathcal{C}$ が存在する，ただし $\alpha \in J$ (すべての重い指標は $\mathcal{C}$ の区間に含まれている)

が成り立つときをいう． □

Algorithm 15　重い係数の学習アルゴリズム

Input: $g: \mathbb{Z}_N \to \{\pm 1\}$ へのアクセス，$\tau > 0$, $0 < \delta < 1$
Output: 指標のリスト L，ただし，L は長さ $O(1/\tau)$ で $1-\delta$ 以上の確率で $Heavy_\tau(g)$ を含む
/* 初期化 */
$j = 0$
$\ell_0 = O(1/\sqrt{\tau})$
$\mathcal{C}_0 = \{J_i^{\ell_0}\}_{i=1,\cdots,\ell_0}$ /* 精緻化 */
for $j = 0$ to $\log(N/\ell_0)$ **do**
　$\mathcal{C}_{j+1} = Refine(\mathcal{C}_j)$
　$\ell_{j+1} = 2\ell_j$
end for
return $Shrink(C_j)$

注意.

(1) アルゴリズムを通して，$1 \leq j \leq O(\log(N/\ell_0))$ で，C_j は良い ℓ_j-区間であるという性質を保持する．重い指標の探索は，$\ell_0 = O(1/\sqrt{r})$ と設定し ℓ_0-区間集合 $\mathcal{C}_0 = \{J_i^{\ell_0}\}_{i=1,\cdots,\ell_0}$ と初期設定することから始まるが，これは良い集合である．ℓ_0 が小さいのでこれは小さく，$\mathbb{Z}_N$ をすべて覆うのですべての重い指標を含んでいる．次に，各 (j 番目) 精緻化ステップで時間 $\tilde{O}\left(\dfrac{\ln^2(1/\delta)}{\tau^{5.5}}\right)$ で，現在の良い ℓ_j-区間集合 C_j を良い $\ell_{j+1} = 2\ell_j$-区間集合 C_{j+1} に精緻化している．$1 - O\left(\dfrac{\delta}{\log N}\right)$ 以上の確率で (詳細は後述)，精緻化ステップ終了後，区間サイズ 1 の区間が $O(1/\tau^{1.5})$ 個からなる集合を得る．この最終集合は，精緻化ステップを通して，$1 - O(\delta)$ 以上の確率で，最終区間集合は良い集合である．(和集合上界を利用する．)

(2) 最終区間集合は良い集合だが，集合サイズは $O(1/\tau^{1.5})$ 以下で，$1 - O(\delta)$ 以上の確率で，すべての重い指標を含んでいる．このリストを削減するために，リストに含まれている各指標の重みを見積もる．$\tau/4$ の見積もりでは，高確率で真の重みから $\tau/4$ 以内に収まる (これは，Chernoff 上界を用いて効率的に可能)．重みの見積もりが $3\tau/4$ 以上となる指標だけを保

持する．削減されたリストは，高い確率で，すべての重い指標を含み，かつ，重みが $\tau/2$ 以下の指標は含まない．よって，最終出力リストは長さ $O(1/\tau)$ であり，$1-\delta$ 以上の確率ですべての重い指標を含んでいる．

精緻化手続き

精緻化手続きでは，効率的に良い ℓ-区間集合 $\mathcal{C}$ を良い 2ℓ-区間集合 $\mathcal{C}'$ へ変形させる．それは以下の通り．$\mathcal{C}'$ に対する候補を $Candidate = \{J_i^{2\ell}$ は $\mathcal{C}$ の区間と交わる $\}_{1 \leq i \leq 2\ell}$ と表す．g のそれぞれの重い指標は $\mathcal{C}$ のある区間に含まれているので，その区間を保持するのか捨て去るのかを考えれば十分である．つまり，$3|\mathcal{C}| \leq O(1/\tau^{1.5})$ 以下の区間を考えることになる．

理想的には，重い指標を含まない区間はすべて捨て去るのがよい．しかし，区間が重い指標を含んでいるか否か効率的に決定できる方法は得られていない．代替手段として，重い指標を含んでいるとは到底思えないような区間を捨てることにしている．

定義 4.45（軽い） 各区間 J に対して $weight(J) = \sum_{\alpha \in J} |\hat{g}(\alpha)|^2$ と重みを定義する．各 $J_i^{2\ell}$ に対して

$$Ext(J_i^{2\ell}) = \bigcup_{j=-\Delta}^{\Delta} J_{i+j}^{2\ell}, \quad \text{ただし } \Delta = \lceil (2\sqrt{24/\tau}) \rceil$$

のように大きめの区間を考える．$J_i^{2\ell}$ が軽いとは $weight(Ext(J_i^{2\ell})) < \tau/24$ となるときをいう． □

以下の2つの場合を区別する識別アルゴリズムを考える．
(1) 区間 $J = J_i^{2\ell}$ が χ_α が重い指標となる α を含んでいる場合
(2) J が軽い場合

後者の場合，区間 J を捨て去り，前者の場合は J を候補集合 $\mathcal{C}'$ に入れる．

各 $\alpha \in J$ に対して χ_α の重み ω は $\omega \leq weight(J) \leq weight(Ext(J)) \leq \tau$ なので，損失することはない．

補題 4.46（精緻化） 良い ℓ-区間集合 $\mathcal{C}$ が与えられたとき，$1 - O(\delta/\log N)$ 以上の確率で精緻化手続きは良い 2ℓ-区間集合 $\mathcal{C}'$ を返す．その実行時間は $O(T/\tau^{1.5})$ である．ただし，$T = \tilde{O}(\ln^2(1/\delta)/\tau^4)$ は識別ルーチンの実行時間である． □

Algorithm 16　精緻化手続き

Input: 良い ℓ-区間集合 $\mathcal{C}$
Output: 良い 2ℓ-区間集合 $\mathcal{C}'$
　/* 初期化 */
　$Candidates=\{J_i^{2\ell}$ がある $J\in\mathcal{C}$ と交わる$\}_{i=1,\cdots,2\ell}$
　$\mathcal{C}'\leftarrow\emptyset$
　for each $J_i^{2\ell}\in Candidates$ **do**
　　if $Distinguishing(J_i^{2\ell})=$Yes **then**
　　　$\mathcal{C}'\leftarrow\mathcal{C}'\cup\{J_i^{2\ell}\}$
　　end if
　end for
　return $\mathcal{C}'$

識別ルーチン

識別ルーチンはアルゴリズムの肝である．

補題 4.47（識別器）　$g:\mathbb{Z}_N\to\{\pm1\}$ へのアクセスと入力 $\tau,\delta>0$ および，区間 $J=J_i^{2\ell}$ が与えられたとき，識別ルーチンは実行時間 $T=\tilde{O}(\ln^2(1/\delta)/\tau^4)$ で動作し，$1-O(\delta\tau^{1.5}/\log N)$ 以上の確率で，
(1) Yes（J が重い指標を含むとき）
(2) No（J が軽いとき）
を返す． □

［証明］　Yes か No かを $weight(J)$ を見積もることによって識別している．理想的には制限のノルム $\|g_{|\{\chi_\alpha|\alpha\in J\}}\|_2^2=weight(J)$ を計算することで，$weight(J)$ を見積もりたいが，$g_{|\{\chi_\alpha|\alpha\in J\}}$ にアクセスする方法やノルムを計算する方法がわからない．

減衰関数 $g_{|\{\chi_\alpha|\alpha\in J\}}$ にアクセスしたいという要求を緩和するため，以下で定義される J-減衰関数 h へのアクセスを考えたい．$d(\alpha,J)$ を $\alpha\in\mathbb{Z}_N$ の最も近い $\beta\in J$ への距離とする．関数 h が J-減衰関数であるとは $\alpha\in J$ に対しては $c(\alpha)$ がかなり大きく，つまり，$\Omega(1)\leq c(\alpha)$ となるある $0\leq c(\alpha)\leq 1$ で $|\hat{h}(\alpha)|=c(\alpha)|\hat{g}(\alpha)|$ が成り立ち，$\alpha\notin J$ に対しては $c(\alpha)$ は急速に減衰する，つまり，

4.2 具体的な関数におけるハードコア述語証明 ◆ 125

Algorithm 17 識別ルーチン

Input: 区間 $J_i^{2\ell}$
Output: Yes/No

$\varepsilon = \delta\tau^{1.5}/\log N$

$m_2 = \Theta(\ln(1/\varepsilon)/\tau^2)$

$m_1 = \Theta(\ln(m_2/\varepsilon)/\tau^2)$

$\mathbb{Z}_N$ からランダムに $x_1, \cdots, x_{m_2}$ を選択

for each $x_r, r \in \{1, \cdots, m_2\}$ **do**

    $\{0, \cdots, \ell-1\}$ からランダムに $y_1, \cdots, y_{m_1}$ を選択

    $shift = -(i-1)\lceil (N/2\ell)\rceil$

    $g^i(x_r) = \chi_{shift}(x_r) \cdot \dfrac{1}{m_1} \sum_{t=1}^{m_1} g(x_r - y_t)$

end for

$est-norm-g^i = \dfrac{1}{m_2} \sum_{r=1}^{m_2} g^i(x_r)^2$

if $est-norm-g^i > \tau/8$ **then**

    return Yes

else

    return No

end if

$c(\alpha) \leqq O(|J|/d(\alpha, J))$ となるときをいう．$\sum_{\alpha \in \mathbb{Z}_N} |\hat{h}(\alpha)|^2$ を計算することで $weight(J)$ を扱うことができる．なぜならば

$$\Omega(weight(J)) \leqq \sum_{\alpha \in \mathbb{Z}_N} |\hat{h}(\alpha)|^2 \leqq O(weight(Ext(J))) + O(\tau)$$

であり，これは以下が成り立つことによる．

- $\sum_{\alpha \in J} |\hat{h}(\alpha)|^2 \geqq \Omega(weight(J))$
- $\sum_{\alpha \in Ext(J)} |\hat{h}(\alpha)|^2 \geqq \Omega(weight(Ext(J)))$
- $\sum_{\alpha \notin Ext(J)} |\hat{h}(\alpha)|^2 \leqq O(\tau) \cdot \sum_{\alpha} |\hat{g}(\alpha)|^2 = O(\tau)$
（ブール関数 g に対して，$\sum_{\alpha} |\hat{g}(\alpha)|^2 = 1$ が成り立つ）

以下では，J-減衰関数に対する近似へのアクセス方法を与える．これにより $weight(J)$ を近似することができる．関数 g_i へのアクセス方法を与えることから始めるが，g_i は，(1)J-減衰関数 h と近く，(2)すべての x に対して，$|g(x)|\leqq 1$ が成り立つ．

まず $J=J_1^{2\ell}$ を考える．また以下の関数を考える．

$$h^1(x) = \mathbf{E}_{y=0,\cdots,\ell-1}[g(x-y)]$$

h_1 は J-減衰関数である．なぜならば $c(\alpha)=|\mathbf{E}_{y=0,\cdots,\ell-1}[\chi_\alpha(y)]|$ に対して $|\hat{h^1}(\alpha)|=c(\alpha)|\hat{g}(\alpha)|$ が成立するからである．ただし，命題4.5より，$\alpha \in J$ に対しては $c(\alpha)\geqq 1/6$ であり，それ以外の場合では $c(\alpha)\leqq 2|J|/\mathrm{abs}(\alpha)$ である．ここで，$c(\alpha)\leqq 1$ であることに留意しよう．ここで $\varepsilon=\delta\tau^{1.5}/\log N$, $\eta=O(\tau)$ (詳細は後で特定する)，および $m_1=\Theta(\ln(m_2/\varepsilon)/\eta^2)$ とする．(m_2 についても後で特定する)．このとき，Chernoff上界を用いて，m_1 個のランダムサンプル $y_1,\cdots,y_{m_1}$ が与えられたとき，

$$g^1(x) = \frac{1}{m_1}\sum_{i=1}^{m_1} g(x-yI)g(x-yt)$$

が $|g^1(x)-h^1(x)|<\eta$ を満足する確率は $1-O(\varepsilon/m_2)$ 以上である．

次に，$J=J_i^{2\ell}$ を考える．$shift=-(i-1)\lceil (N/2\ell)\rceil$ を J の 0 方向へのシフトとする．このとき $h^i(x)=\chi_{shift}(x)$ である．$\mathbf{E}_{y=0,\cdots,\ell-1}[g(x-y)]$ は J-減衰関数である．なぜなら $|\hat{h^i}(\alpha)|=|\hat{h^1}(shift+\alpha)|$ である．ただし，h^1 は $J_1^{2\ell}$-減衰関数である．よって，m_1 個のランダムサンプル $y_1,\cdots,y_{m_1}\in\{0,\cdots,\ell-1\}$ が与えられたとき

$$g^i(x) = \chi_{shift}(x)\cdot\frac{1}{m_1}\sum_{t=1}^{m_1} g(x-y_t)$$

は $1-O(\varepsilon/m_2)$ 以上の確率で $|g^i(x)-h^i(x)|<\eta$ を満足する．

上述した g^i へのアクセスが与えられたとき，$weight(J)$ を近似する方法を述べる．

まず，$\sum_{\alpha\in\mathbb{Z}_N}|\hat{h^i}(\alpha)|^2$ を近似する．$x_1,\cdots,x_{m_2}\in\mathbb{Z}_N$ を $m_2=\Theta(\ln(1/\varepsilon)/\gamma^2)$ 個のランダムサンプルとし，$est-norm-g^i=\sum_{r=1}^{m_2}|g^i(x_r)|^2$ を定義する．和集合

上界より，$1-O(\varepsilon)$ 以上の確率で，$\left| est-norm-g^i - \frac{1}{m_2}\sum_{r=1}^{m_2}|h^i(x_r)|^2 \right| < 2\eta$ が成り立つ．Chernoff 限界を用いて $\left| \frac{1}{m_2}\sum_{r=1}^{m_2}|h^i(x_r)|^2 - \sum_\alpha |\hat{h^i}(\alpha)|^2 \right| \leqq \gamma$ が $1-O(\varepsilon)$ 以上の確率で成立する．合わせて，$1-O(\varepsilon)$ 以上の確率で $\left| est-norm-g^i - \sum_\alpha |\hat{h^i}(\alpha)|^2 \right| \leqq 2\eta+\gamma$ がいえる．

最後に，パラメータを特定し，すべてをまとめあげる．$2\eta+\gamma \leqq \tau/24$ となるように η, $\gamma = O(\tau)$ の値を定める．また $\alpha \in J$ に対して，$c(\alpha) > 1/6$ であることを思い出そう．$Ext(J)$ の定義より，$\alpha \notin Ext(J)$ に対して $c(\alpha) \leqq \tau/24$ である．よって，$weight(J) \geqq \tau$ ならば $est-norm-g^i > weight(J)/6 - 2\eta - \gamma\tau/8$ となる．その一方で，$weight(Ext(J)) < \tau/24$ は $est-norm-g^i < weight(Ext(J)) + \tau/24 + 2\eta + \gamma \leqq \tau/8$ を導く．よって，Yes と答えることと $est-norm-g^i \geqq \tau/8$ は同値であり，Yes または No を $1-O(\varepsilon) = 1-O(\delta\tau^{1.5}/\log N)$ 以上の確率で区別できる．識別ルーチンの実行時間は $O(m_1 \cdot m_2) = \tilde{O}(\ln^2(1/\delta)/\tau^4)$ である．

5

乱数抽出器

ランダムに見える情報源から乱数列を抽出する乱数抽出器を紹介し，乱数抽出器を構成するための基本要素を与える．一般の乱数抽出器の限界を与えるとともに，特定の情報源に対して動作する決定性乱数抽出器のいくつかの例を見る．

アルゴリズムを利用して「乱数」を生成するということを考える場合，1つのアプローチとしての擬似乱数についていままで見てきた．もう1つのアプローチとして，「乱数っぽい」情報源から一様乱数を抽出する方法がある．

計算量理論では乱数抽出器(randomness extractor)という言葉が用いられていて近年盛んに研究が進んでいる．どんなに良い擬似乱数生成器を構成したところで突き詰めれば，「乱数の種」はどうするのかという問題に突き当たる．計算による方法ではこの問題に応えることは不可能なので，経験的に乱数性の高いとされている物理的・人工的な情報源を用いるヒューリスティックがあるだろう．そのヒューリスティックな部分を対象にしてアルゴリズム論的あるいは計算量理論的な立場からできること・できないことを究明しようとするのが乱数抽出器の研究である．

5.1 準　　備

乱数抽出器という言葉は用いられてはいないが，いわゆる物理乱数を生成するとき，アナログ情報から適当にサンプリングしAD変換を施し，変換されたデジタル情報から乱数性の高い状態へ変換を施している．この最後の変換が乱数抽出器である．古典的な例としては，von Neumannの方法[63]が知られている．ビット列を生成する情報源を仮定する．各ビットには一定のバイアスがある，つまり，0が出現する確率と1が出現する確率が異なる，しかしながら，各ビットは独立に分布すると仮定する．このとき，情報源から得られるビット列を2ビットごとに区切り，情報源から01が現れたときに1を出力，情報源から10が現れたときに0を出力，情報源から00あるいは11が現れたとき入力情報を捨てるという方法である．いま，情報源から1が出現する確率をpとし，0が出現する確率を$1-p$とする．このとき，Pr[01が現れる]=Pr[10が現れる]=$p(1-p)$であり，von Neumannの出力は一様になることがわかる．乱数抽出器の言葉でいうと，von Neumannの方法は(0と1の頻度の偏りはあるものの独立であるという)特定情報源の場合の乱数抽出器と見る

ことができる*1.

次に, von Neumann の手法のある種の一般化を考えてみたい.

命題 5.1 $X_1,\cdots,X_t$ を 0 または 1 を値として取る独立な確率変数とする. ただし, ある定数 $\delta\in[0,1/2]$ が存在して, すべての i (ただし $1\leqq i\leqq t$) において, $X_i=0$ となる確率 $\Pr[X_i=0]$ は, $\delta\leqq\Pr[X_i=0]\leqq 1-\delta$ を満たすものとする. このとき,

$$\frac{1}{2}-\frac{1}{2}(1-2\delta)^t \leqq \Pr[X_1\oplus X_2\oplus\cdots\oplus X_t = 0] \leqq \frac{1}{2}+\frac{1}{2}(1-2\delta)^t$$

が成立する. □

証明は数学的帰納法で容易に示すことができる. この命題が示唆することは, 情報源の各ビットにはバイアスはあるものの独立なビット列がある場合, t ブロックごとに区切ってその排他的論理和の 1 ビットを出力すれば, 一様分布に近くなっているということである.

5.2 諸定義

情報源の乱数性の尺度として最小エントロピーを利用する. 乱数抽出器の目的は, 情報源の持つ最小エントロピーをほとんどすべて抽出することである.

乱数抽出器は定式化される以前から証明上の技法として利用されてきたが, 最初の明示的な定義は Nisan & Zuckerman [45] によって与えられた.

定義 5.2 (k,ε)-**抽出器**とは関数 $\mathcal{E}\colon \{0,1\}^n\times\{0,1\}^t\to\{0,1\}^m$ のことで, 少なくとも k の最小エントロピーを持つ X に対して, $\mathcal{E}(X,Y)$ が $\{0,1\}^m$ 上の一様分布と ε-近傍になるものをいう. ただし, Y は $\{0,1\}^t$ 上の一様分布である. 抽出器が多項式時間で計算可能であるとき, その抽出器は**明示的**であるという. □

上の定義で, $\mathcal{E}$ の第 2 引数は**種**とも呼ばれる. 乱数抽出器の研究の主目的は種長 t がなるべく小さくかつ出力長 m がなるべく大きい明示的な抽出器の

---

*1 ただし, オンライン的に処理する場合は, 入力によっては出力があるタイミング(入力として 01 または 10 が続く場合)とないタイミング(入力として 00 または 11 が続く場合)があり, バッファリング等を駆使するなど工夫が必要である.

構成手法を発見することにある．余分な乱数入力は不要，つまり $t=0$ を満たす乱数抽出器は決定性抽出器(deterministic extractor)と呼ばれる．また，乱数抽出器と似た概念に濃縮器(condenser)と呼ばれるものがあり，あわせて紹介する．

定義 5.3 $(n, k; m, k'; \varepsilon)$-濃縮器とは関数 $C: \{0,1\}^n \times \{0,1\}^t \to \{0,1\}^m$ のことで，少なくとも k の最小エントロピーを持つ X に対して，$C(X, Y)$ が最小エントロピー k' のある分布と ε-近傍になるものをいう．ただし，Y は $\{0,1\}^t$ 上の一様分布である．濃縮器が多項式時間で計算可能であるとき，その濃縮器は明示的であるという．$k'=k+t$ であるときその濃縮器を無損失であるという． □

$(n, k; m, m; \varepsilon)$-濃縮器は抽出器でもある．なぜならば，$\{0,1\}^m$ 上の分布で最小エントロピーが m のものは一様分布しかないからである．

5.3 限界と可能性について

帰納的に乱数は生成できないので，以降，入力に乱数性を仮定する．ここでいう乱数性とは，入力分布について最小エントロピーが k 以上であることが保証されていることを指すものとする．

任意の(最小エントロピー k は保証された)入力に対して動作するような乱数抽出器を考えたい．最も望ましいのは決定性抽出器の構成であるが，もし決定性乱数抽出器が存在しないのならば種長がなるべく短くなるような乱数抽出器の構成が次善の解である．

まず，Santha & Vazirani [55]は以下のような決定性抽出器の限界を示している．

定理 5.4 決定性抽出器では乱数を 1 ビットたりとも抽出できないような情報源が存在する． □

[証明] いま，集合 S を考え，S 上の $\mathbf{H}(X)=n-1$ となる分布 X を考える．仮に，X に対する決定性乱数抽出器 $E: S \to \{0,1\}$ が存在するとする．$S'=E^{-1}(1)$ とおく．S' 上の一様分布 Y を考えたとき，Y のエントロピーはほぼ $n-1$ にもかかわらず，$E(Y)$ の値はほぼ 1 で，乱数抽出しているとはいえ

ない．

　これにより，万能な決定性抽出器は存在しないことが示されたことになる．さらに，Radhakrishnan & Ta-Shma [49]は種は本質的に必要であることを示している．また，種の役割は入力分布に潜む乱数性を取り出すための触媒としてはたらくことであるということを付け加えておく．

定理 5.5　$\varepsilon \leq 1/2$ に対する (k,ε)-抽出器が存在するためには種長 $t \geq \log(n-k) + 2\log(1/\varepsilon) - O(1)$ が必要である．　□

　ただし上の定理では，種をそのまま出力するのでは無意味なので $m \geq t+1$ であることが前提である．

　さて，万能な決定性乱数抽出器は存在しないことを見たが，冒頭で述べたように「特殊な入力に対して動作する」ような決定性乱数抽出器は存在する．現実的には入力分布に関して先験的な情報が利用できる場合があるので，どのような入力クラスが決定性乱数抽出器を持つのかを検討することは理論的にも応用的にも意義がある．

　この節の残りでは，ランダムに関数を選ぶと，かなりの確率で，その関数は乱数抽出器となっている事例をみることにする．

定義 5.6　(n,k)-ソースとは $\{0,1\}$ 上の確率変数 X のことで，$\mathbf{H}_\infty(X) \geq k$ となるものをいう．　□

定義 5.7　(n,k)-ビット固定ソースとは，(n,k)-ソース X で，固定位置の $n-k$ ビットは一定値を取り，残りの k ビットは一様ランダムな分布をいう．　□

定義 5.8　$\mathbb{F}_2$ 上の (n,k)-アフィンソースとは，(n,k)-ソース X で，k 次元アフィン部分空間上の一様ランダムな分布をいう．つまり，一次独立な $\boldsymbol{v}_0, \cdots, \boldsymbol{v}_k \in (\mathbb{F}_2)^n$ に対して，$x_1, \cdots, x_k \in \mathbb{F}_2$ を一様ランダムに動かしたときの $\boldsymbol{v}_0 + \sum_{i=1}^{k} x_i \boldsymbol{v}_i$ の分布である．　□

　(n,k)-アフィンソースにおいて，$\boldsymbol{v}_1, \cdots, \boldsymbol{v}_k$ の各ベクトル $\boldsymbol{v}_i$ において，1 つのエントリ 1 で他のエントリはすべて 0 となる場合，その (n,k)-アフィンソースは (n,k)-ビット固定ソースである．

　(n,k)-ビット固定ソースも (n,k)-アフィンソースも，特定の性質を持つ

(n,k)-ソースである．一般に性質 C を持つ (n,k)-C-ソースと呼ぶ．(n,k)-C-ソース族を

$$\chi_{n,k}^{C} \stackrel{\text{def}}{=} \{X | X \text{ は } (n,k)\text{-}C\text{-ソース}\}$$

と記す．例えば，(n,k)-ビット固定ソース族を $\chi_{n,k}^{BF}$ とし，(n,k)-アフィンソース族を $\chi_{n,k}^{Affine}$ とする．

例 5.9

$$|\chi_{n,k}^{BF}| = \binom{n}{k} 2^{n-k}, \quad |\chi_{n,k}^{Affine}| = 2^n \binom{2^n}{k} \leq 2^{n(k+1)}$$

□

定理 5.10 X を (n,k)-C-ソースとする．任意の $\varepsilon>0$ に対して，

$$\log\log(|\chi_{n,k}^{C}|) \leq k - 2\log\left(\frac{1}{\varepsilon}\right) - \Omega(1)$$

$$m \leq k - 2\log\left(\frac{1}{\varepsilon}\right) - \Omega(1)$$

ならば，独立ランダムに選んだ関数 $f: \{0,1\}^n \to \{0,1\}^m$ は (n,k)-C-ソースに対して，決定性 ε-抽出器となる確率は $1-2^{K\varepsilon}$ 以上である．ただし，$k=2^k$ とする． □

［証明］ ε-抽出器の定義より，f が ε-抽出器でないことと，ある情報源 X とテスト集合 T が存在して

$$\left|\Pr_{w \leftarrow X}[f(w) \in T] - \Pr_{y \leftarrow U_m}[y \in T]\right| > \varepsilon$$

であることは同値である．ランダムに選択した関数が失敗する，つまり，抽出器でない確率の上限を考えよう．

$$\Pr_{f}[f \text{ は } \varepsilon\text{-抽出器でない}] = \Pr\left[\exists X \exists T \left|\Pr_{y \leftarrow U_m}[y \in T]\right| > \varepsilon\right]$$

ある情報源 $X \in \chi_{n,k}^{C}$ を固定し，任意の $w \in \text{supp}(X)$ に対して，$p_w = \Pr_X[X=w]$ とおき，テスト集合 $T \subseteq \{0,1\}^m$ も固定する．任意の $w \in \text{supp}(X)$ に対して，確率変数 I_w を以下のように定義する．

$$I_w = \begin{cases} p_w 2^k & f(w) \in T \text{ の場合} \\ 0 & f(w) \notin T \text{ の場合} \end{cases}$$

このとき,

$$\forall w \in \mathrm{supp}(X),\ \Pr_f[I_w = p_w 2^k] = \frac{|T|}{2^m}$$

が成り立ち,

$$\mathbf{E}_f\left[\sum_w I_w\right] = \sum_{w \in \mathrm{supp}(X)} \mathbf{E}_f[I_w] = \sum_{w \in \mathrm{supp}(X)} p_w \frac{|T|}{2^m} 2^k = \frac{|T|}{2^m} 2^k$$

が成り立つ.あとは,一般の Hoeffding 限界(後述)を適用することで,失敗確率の上限が求められる.

補題 5.11 最小エントロピーが k の任意の情報源 X と任意のテスト集合 $T \subset \{0,1\}^m$ と,任意の $\varepsilon > 0$ に対して

$$\Pr_f\left[\left|\Pr_{w \leftarrow X}[f(w) \in T] - \Pr_{y \leftarrow U_m}[y \in T]\right| > \varepsilon\right]$$
$$= \Pr_f\left[\left|\frac{\sum_w I_w}{2^k} - \frac{|T|}{2^m}\right| > \varepsilon\right] \leq 2^{-\Omega(K\varepsilon^2)}$$

ただし,$K = 2^k$ で f はランダムに選ばれるため $I_{w_1}, I_{w_2}, \cdots$ は独立である. □

証明に入る前に,第 3 章で紹介した Hoeffding 限界では不十分なので,より一般的な形式の Hoeffding 限界を紹介する.

命題 5.12(一般の Hoeffding 限界) $X_1, \cdots, X_n$ を独立な確率変数とし,各 i で,変数の取り得る値が $a_i \leq X_i \leq b$ のように抑えられているものとする.また,$X = \sum_i X_i$,$\mu = \mathbf{E}[X]$ とおく.このとき,任意の $\delta > 0$ で

$$\Pr[|X - \mu| > \delta\mu] < 2\exp\left(-\frac{\delta^2 \mu^2}{\sum_i (b_i - a_i)^2}\right)$$

が成り立つ. □

[証明] 命題 5.12 の Hoeffding 限界を適用する.$0 \leq I_w \leq p_w 2^k$ なので,a_w

$=0$, $b_w = p_w 2^k$, $\mu = \dfrac{|T|}{2^m} 2^k$, $\delta = \dfrac{2^m}{|T|} \varepsilon$ とおくと,

$$\Pr\left[\left|\frac{\sum_w I_w}{2^k} - \frac{|T|}{2^m}\right| > \varepsilon\right] = \Pr\left[\left|\sum_w I_w - \frac{|T|}{2^m} 2^k\right| > \varepsilon 2^k\right]$$

$$= \Pr\left[\left|\sum_w I_w - \mu\right| > \delta\mu\right]$$

$$\leq 2\exp\left(-\frac{\delta^2 \mu^2}{\sum_w (b_w - a_w)^2}\right)$$

$$= 2\exp\left(-\frac{\varepsilon^2 2^{2k}}{\sum_w p_w^2 2^{2k}}\right)$$

$$= 2\exp\left(-\frac{\varepsilon^2}{\sum_w p_w^2}\right)$$

$$\leq 2\exp\left(-\frac{\varepsilon^2}{\sum_w p_w 2^{-k}}\right)$$

$$= 2e^{-K\varepsilon^2} = 2^{-\Omega(K\varepsilon^2)}$$

がいえる.ここで,X の最小エントロピーは k なので,P_w は 2^{-k} 以下である.

和集合上界を用いると,

$$\Pr_f[f \text{ は } \varepsilon\text{-抽出器でない}]$$

$$= \Pr_f\left[\exists X, \exists T, \left|\Pr_{w \leftarrow X}[f(w) \in T] - \Pr_{y \leftarrow U_m}[y \in T]\right| > \varepsilon\right]$$

$$\leq \sum_X \sum_T \Pr_f\left[\left|\Pr_{w \leftarrow X}[f(w) \in T] - \Pr_{y \leftarrow U_m}[y \in T]\right| > \varepsilon\right]$$

$$\leq |\chi_{n,k}^C| 2^M 2^{-\Omega(K\varepsilon^2)}$$

がいえる.ここで,$M = 2^m$ とした.定理の仮定より

$$\log(|\chi^C_{n,k}|) \leqq K\varepsilon^2 2^{-\Omega(1)}$$
$$M \leqq K\varepsilon^2 2^{-\Omega(1)}$$

であり，よって，

$$\log(|\chi^C_{n,k}|) + M - \Omega(K\varepsilon^2) \leqq K\varepsilon^2 2^{-\Omega(1)} + K\varepsilon^2 2^{-\Omega(1)} - \Omega(K\varepsilon^2)$$
$$= -\Omega(K\varepsilon^2)$$

がいえて

$$|\chi^C_{n,k}|2^M 2^{-\Omega(K\varepsilon^2)} \leqq 2^{-\Omega(K\varepsilon^2)}$$

がいえる． ∎

系 5.13 m と k が $m \leqq k - 2\log(1/\varepsilon) - \Omega(1)$ かつ

$$k \geqq \max\left\{\log\log\binom{n}{k}, \log(n-k)\right\} + 2\log\left(\frac{1}{\varepsilon}\right) + \Omega(1)$$

を満たすならば，ランダムに選択した関数 $f\colon \{0,1\}^n \to \{0,1\}^m$ は $1 - 2^{-\Omega(K\varepsilon^2)}$ 以上の確率で (n,k)-ビット固定ソースに対する決定性 ε-抽出器となっている． □

系 5.14 m と k が $m \leqq k - 2\log(1/\varepsilon) - \Omega(1)$ かつ

$$k \geqq \log n + \log(k+1) + 2\log\left(\frac{1}{\varepsilon}\right) + \Omega(1)$$

を満たすならば，ランダムに選択した関数 $f\colon \{0,1\}^n \to \{0,1\}^m$ は $1 - 2^{-\Omega(K\varepsilon^2)}$ 以上の確率で (n,k)-アフィンソースに対する決定性 ε-抽出器となっている． □

5.4 ハッシュ平滑化補題

この節では，乱数抽出器や擬似乱数生成器の構成における基本的な道具として普遍的な道具であるハッシュ平滑化補題(leftover hash 補題)を紹介する．ハッシュ平滑化補題は，計算機科学分野においても重要な役割を果たしている．

定義 5.15 K, D, R を非空な有限集合とする．関数族 $\{h_k\colon D\to R\}_{k\in K}$ を考える．

(1) $\{h_k\}_{k\in K}$ が汎用ハッシュ関数族であるとは，任意の異なる $x, x'\in D$ に対して

$$\Pr_{k\leftarrow K}[h_k(x)=h_k(x')] \leqq \frac{1}{|R|}$$

となるときをいう．

(2) $\{h_k\}_{k\in K}$ が互いに独立なハッシュ関数族(あるいは，強汎用ハッシュ関数族)であるとは，任意の異なる $x, x'\in D$ と $y, y'\in R$ に対して

$$\Pr_{k\leftarrow K}[h_k(x)=y \wedge h_k(x')=y'] = \frac{1}{|R|^2}$$

となるときをいう．

□

定義より，$\{h_k\}_{k\in K}$ が互いに独立なハッシュ関数族ならば汎用ハッシュ関数族でもあるが，逆は成立しない．

例 5.16 素数 p に対して $D=R=\mathbb{Z}_p$ とし，$K=\mathbb{Z}_p\times\mathbb{Z}_p$ とする．$k=(k_0,k_1)\in K$ に対して，

$$h_k\colon\ x\mapsto k_0+k_1 x$$

は互いに独立なハッシュ関数族である．

定義 5.17 (1) $\{h_k\}_{k\in K}$ が ε-準汎用ハッシュ関数族であるとは，任意の異なる $x, x'\in D$ に対して

$$\Pr_{k\leftarrow K}[h_k(x)=h_k(x')] \leqq \varepsilon$$

となるときをいう．

(2) $\{h_k\}_{k\in K}$ が ε-準強汎用ハッシュ関数族であるとは，任意の異なる $x, x'\in D$ と $y, y'\in R$ に対して

$$\Pr_{k\leftarrow K}[h_k(x)=y \wedge h_k(x')=y'] - \frac{\varepsilon}{|R|}$$

となるときをいう．

□

例 5.18 素数 p に対して $D=(\mathbb{Z}_p)^\ell$, $R=\mathbb{Z}_p$ とし, $K=\mathbb{Z}_p\times\mathbb{Z}_p$ とする. $k=(k_0,k_1)\in K$ に対して,

$$h_k: (x_1,\cdots,x_\ell) \mapsto k_0+k_1x_1+\cdots+k_1^\ell x_\ell$$

は ℓ/p-準強汎用ハッシュ関数族である.

X を要素数 m の集合 S 上の確率変数とする.

定義 5.19 (1) X の衝突確率を $\sum_{s\in S}\Pr[X=s]^2$ とする.
(2) X の推測確率を $\max_{s\in S}\{\Pr[X=s]\}$ とする.

□

X は衝突確率 β, 推測確率 γ とする. $\log(1/\gamma)$ は X の最小エントロピーで, $\log(1/\beta)$ は X の Renyi エントロピーと呼ばれる.

補題 5.20 X を要素数 m の集合 S 上の確率変数とする. X は衝突確率 β, 推測確率 γ, S 上の一様分布との統計的距離を δ とする. このとき,
(i) $\beta\geq 1/m$
(ii) $\gamma^2\leq\beta\leq\gamma\leq 1/m+\delta$
(iii) $\delta\leq\dfrac{1}{2}\sqrt{m\beta-1}$
が成り立つ.

□

[証明] (iii) の証明を与える. $\delta>0$ を仮定する. そうでなければ, (i) から明らかである. $s\in S$ に対して, $p_s\stackrel{\text{def}}{=}\Pr[X=s]$ とし, $q_s=|p_s-1/m|/2\delta$ とする. このとき, $\sum q_s=1$ となる. よって,

$$\begin{aligned}1/m &\leq \sum_s q_s^2 \\ &= \frac{1}{4\delta^2}\sum_s(p_s-1/m)^2 \\ &= \frac{1}{4\delta^2}\left(\sum_s p_s^2-1/m\right) \\ &= \frac{1}{4\delta^2}(\beta-1/m)\end{aligned}$$

がいえる. ∎

定理 5.21（ハッシュ平滑化補題） $\{h_k: D \to R\}_{k \in K}$ を $(1+\alpha)/m$-準汎用ハッシュ関数族とする．ただし，$m=|R|$ とする．H を K 上の一様分布，X を D 上の分布とする．β を X の衝突確率とするとき，$(H, H(X))$ と (K, R) 上の一様分布との距離は $\frac{1}{2}\sqrt{m\beta+\alpha}$ 以下である． □

［証明］ β' を $(H, H(X))$ の衝突確率とする．$\ell=|K|$ とし，H' および X' を H および X の独立同一分布とする．このとき，

$$\begin{aligned}
\beta' &= \Pr[H = H' \wedge H(X) = H'(X')] \\
&= \Pr[H = H' \wedge H(X) = H(X')] \\
&= \frac{1}{\ell} \Pr[H(X) = H(X')] \\
&\leqq \frac{1}{\ell} \left(\Pr[X = X'] + (1+\alpha)/m \right) \\
&= \frac{1}{\ell m}(m\beta + 1 + \alpha)
\end{aligned}$$

が成り立つ．補題 5.20 より，証明を終える． ■

系 5.22 $\{h_k: D \to \{0,1\}^n\}_{k \in K}$ を汎用ハッシュ関数族とする．確率変数 X に対して

$$n \leqq \mathbf{H}_\infty(X) - 2\log\frac{1}{\varepsilon}$$

を満たすとき

$$\delta\big((H, H(X)), (H, U_n)\big) \leqq \frac{\varepsilon}{2}$$

が成り立つ． □

［証明］ 定理 5.21 において $\alpha=0$ とおく．$(H, H(X))$ の衝突確率は

$$\frac{1}{\ell}\left(\frac{1}{2^{n+2\log(1/\varepsilon)}} + \frac{1}{2^n}\right) = \frac{1+\varepsilon^2}{\ell \cdot 2^n}$$

以下となる．補題 5.20(iii) より，一様分布との統計的距離 δ は

$$\delta \leqq \frac{1}{2}\sqrt{\frac{1+\varepsilon^2}{\ell \cdot 2^n} \cdot 2^n \cdot \ell - 1} = \frac{\varepsilon}{2}$$

を満たす． ■

5.5　一般の乱数抽出器

本節では話を一般情報源からの乱数抽出に戻す．一般情報源からの乱数抽出には限界があることはすでに述べたが，その限界をほぼ達成する明示的な乱数抽出器が 2003 年に Lu, Reingold, Vadhan & Wigderson [38] によって与えられた．残念ながら，複雑な議論を経て構成されているためにわかりにくいという難点があった．これに対して，2007 年に Guruswami, Umans & Vadhan [21] によって単純な構成方法の乱数抽出器が考案された．方式そのものは単純なため，ここでそれを紹介する．

位数 q の有限体 $\mathbb{F}_q$ を考える．$E(X)$ を $\mathbb{F}_q$ 上の n 次既約多項式とする．$\{0,1\}^n$ の元を $\mathbb{F}_q$ 上の n 次未満の多項式と同一視する．つまり $w \in \{0,1\}^n$ に対して i 番目のビットを w_i としたとき w を $w_1 + w_2 X + \cdots + w_n X^{n-1}$ と見なすということである．また h を整数値の固定パラメータとする．

このとき，以下が成り立つ．

補題 5.23　$f \in \mathbb{F}_q[X]/E(X)$, $y \in \mathbb{F}_q$ とする．

$$C(f,y) \stackrel{\text{def}}{=} f(y) \| (f^h \bmod E)(y) \| (f^{h^2} \bmod E)(y) \| \cdots \| (f^{h^{m-1}} \bmod E)(y)$$

は $(n, \log((h^m-1)/\varepsilon); (1+\alpha)kt, \log((h^m-1)/\varepsilon)-1; 2\varepsilon)$-濃縮器である．□

ここでも証明は与えないが，基本になるアイデアは Reed-Solomon 符号の亜種に位置づけられる Parvaresh-Vardy 符号 [47] を利用することである．乱数抽出器の基本構成部品の 1 つとしてリスト復号可能な符号を用いることが連綿と研究されてきており，その流れに沿ったものと位置づけられる成果である．

補題 5.24　入力長 n', 出力長 m' のハッシュ関数の族 H で $|H| = O((n'm'2^{m'})^2)$ かつ

$$\forall w_1 \neq w_2, \quad \Pr_{h \in H}[h(w_1) = h(w_2)] \leq 2 \cdot 2^{-m'}$$

を満たし，各 h は $\log |H|$ ビットを使って一様サンプリングででき，しかも h の計算時間は n' と m' の多項式時間でできるものが存在する．□

上の補題はこの節で述べる乱数抽出器のために仕立てられたハッシュ関数ではない．理論計算機科学においてはさまざまな用途に応じて多種多様なハッシュ関数の構成法が研究されており，ここで利用するハッシュ関数もその中の1つであり，比較的標準的なものである．

補題 5.25 上のハッシュ関数族を用いて，以下を構成する．このとき

$$C'(x,y,h) \stackrel{\text{def}}{=} C(x,y)\|h\|h(x,y)$$

は無損失濃縮器である． □

補題 5.26 $C\colon \{0,1\}^n\times\{0,1\}^{t_1}\to\{0,1\}^{n'}$ を $(n,k;n',k';\varepsilon_1)$-濃縮器とし，$E\colon \{0,1\}^{n'}\times\{0,1\}^{t_2}\to\{0,1\}^m$ を (k',ε_2)-抽出器とする．このとき，

$$(E\circ C)(x,y_1,y_2) \stackrel{\text{def}}{=} E(C(x,y_1),y_2)$$

は $(k,\varepsilon_1+\varepsilon_2)$-抽出器である． □

上の補題では，定義5.3で構成された濃縮器とある抽出器があれば別の抽出器が構成できると主張している．ここで，最初の抽出器はさほど精度のよいものである必要はなく，合成してできる抽出器は精度のよい抽出器となっている点が重要である．最初の抽出器としては既存のものが流用でき，例えばZuckerman [67]によるもので十分である．これを用いると以下がいえることになる．

定理 5.27 任意の定数 $\alpha,\gamma>0$ に対して，任意の正整数 n,k に対して，すべての $\varepsilon>\exp(-n^{1-\gamma})$ に対して，明示的な (k,ε)-抽出器 $E\colon \{0,1\}^n\times\{0,1\}^d\to\{0,1\}^m$ が存在する．ただし，$d=O(\log n+\log(1/\varepsilon))$, $m=(1-\alpha)k$ である（より正確には $k\geq cd/\alpha$ を満たす定数 c が存在するという条件が必要）． □

5.6 決定性乱数抽出器

5.6.1 複数の独立な情報源からの乱数抽出

冒頭で，von Neumannの方法として，0と1の出現確率に偏りがあるものの独立であるような情報源に対する決定性抽出器を紹介した．ここでは，同様

な情報源の1つである.複数の独立情報源から乱数を決定的に抽出する方法として Barak, Impagliazzo & Wigderson [4] によるものを紹介する.

定理 5.28 任意の正定数 τ に対して,ある定数 $\ell=(1/\tau)^{O(1)}$ と明示的な乱数抽出器 $\mathcal{E}: \{0,1\}^{n\ell} \to \{0,1\}^n$ が存在して,$\{0,1\}^n$ 上の ℓ 個の独立な分布 $X_1, \cdots, X_\ell$(ただし,各 X_i の最小エントロピーは τn 以上)に対して $\delta(\mathcal{E}(X_1, \cdots, X_\ell), U_n) < 2^{-\Omega(n)}$ を満たす.ただし,U_n は $\{0,1\}^n$ 上の一様分布. □

本書の守備範囲を大幅に超えるので,証明は与えないが,上の定理を示すために加法的整数論(additive number theory)と呼ばれる分野の最新成果が巧みに活用されている.簡単に紹介すると,A をある体の部分集合としたとき,$A+A$ または $A \times A$ のどちらかの大きさがある定数 γ に対して $|A|^{1+\gamma}$ 以上になるという性質があり,有限体における同様な性質が抽出器を構成するのに貢献するのである.おおまかにいうと,どちらか一方が線形サイズ以上になるので $A \times A + A$ を構成することで,ある程度の大きさになることがいえるのである.この考え方を抽出器で実現するために,ある体 $\mathbb{F}$ 上の関数 $\mathcal{E}^i$ を以下のように帰納的に定義する.

(1) $\mathcal{E}^0: \mathbb{F} \to \mathbb{F}$ を $\mathcal{E}^0(x) \stackrel{\text{def}}{=} x$ とする.
(2) $\mathcal{E}^i: \mathbb{F}^{3^{i+1}} \to \mathbb{F}$ を任意の $x_1, x_2, x_3 \in \mathbb{F}^{3^i}$ に対して,

$$\mathcal{E}^{i+1} \stackrel{\text{def}}{=} \mathcal{E}^i(x_1) \times \mathcal{E}^i(x_2) + \mathcal{E}^i(x_3)$$

とする.
i の値は 3^i が $1/\tau$ の多項式程度となるくらいの値でよいので,明示的な(しかも非常に単純な構成の)決定性乱数抽出器となっている.また,同様なアイデアにもとづいた発展形が Barak ら[5]や Raz [52] によって得られている.

5.6.2 ビット固定ソースからの乱数抽出

複数の独立な情報源からの乱数抽出は「本当に乱数を抽出する」手法として利用できるかと思うが,この節のビット固定ソースは暗号への応用可能性の観点から考え出された情報源である.とはいえ,乱数抽出の1つの側面であり,新たな応用を模索する上でも意義があるかと思う.

(n,k)-ビット固定ソースとは,$\{0,1\}^n$ 上の分布であり,ただし,固定位置

の $n-k$ 個のビットは一定値を取るが，その他の k ビットは一様ランダムな分布である．ただし，どのビットが一定値を取るのか一様ランダムなのかは不明であるものとする．また，定義から明らかなように (n,k)-ビット固定ソースの最小エントロピーは k である．

暗号学の 1 つの考え方に露見耐性というものがある．秘密情報を適当に変換し，秘密情報が復元できるなら完全に復元でき，復元できないのならまったくできない，つまり部分的な情報の漏洩が発生しないような方法 (all-or-nothing transform) が実現できるとそれをビルディングブロックとして露見耐性を持つ暗号システムの構成に用いることができる．ビット固定ソースに対する乱数抽出器を用いて all-or-nothing な変換が構成できることが知られている[31]．

まずは，Kamp & Zuckerman [31] によるビット固定ソースに対する決定性乱数抽出器について紹介する．

定理 5.29 任意の正定数 $\gamma \leqq 1/2$ に対して，$(n, n^{\frac{1}{2}+\gamma})$-ビット固定ソースに対する明示的な決定性乱数抽出器 $\mathcal{E}: \{0,1\}^n \to \{0,1\}^m$ が存在する．ただし $m = \Omega(n^{2\gamma})$. □

つまり，$k > \sqrt{n}$ を満たすならばそのときには $\Omega(k^2/n)$ ビットの抽出ができるということである．

ここでも証明は与えないが基本的なアイデアのみを紹介する．次数 d の正則グラフ上の乱歩を利用する．グラフ上の各点には辺の数が d 本なので，各点に繋がっている辺に 1 から d までのラベル付けをすることができる．グラフ上の任意の点を初期点とし，ビット固定ソースからの情報にもとづいて 1 から d の値を算出し，対応する辺に沿って次の点に移動する．さらにビット固定ソースから情報にもとづいて移動を繰り返す．最終的に辿り着いた頂点の番号を出力とする．仮に利用しているソースがビット固定ソースではなく完全な乱数であれば，まさに正則グラフ上の乱歩であり，マルコフ連鎖の議論が適用できる．Kamp & Zuckerman の貢献は，ビット固定ソースに対しても似たような議論が適用可能であることを示した点にある．

Gabizon, Raz & Shaltiel [18] は Kamp & Zuckerman の抽出器と従来からの乱数抽出器に関する理論を上手く組み合わせて，より強力な決定性乱数抽出

器を構成した.

定理 5.30 $k > (\log n)^c$ (c はある定数) を満たす (n, k)-ビット固定ソースに対して $(1-o(1))k$ ビットを抽出する明示的な決定性乱数抽出器が存在する.ただし $k \gg \sqrt{n}$ のときは,一様分布との距離が $2^{-n^{\Omega(1)}}$ であり,$k < \sqrt{n}$ のときは,一様分布との距離が $k^{-\Omega(1)}$ である. □

つまり,$k \gg \sqrt{n}$ のときは,抽出可能なビットをほぼ完全に抽出することに成功している.より小さい k に対しても動作するが,精度が落ちる点が難点であり改善が待たれるところである.

ビット固定ソースをより一般化した概念に Affine ソースがあり,これについての乱数抽出器についても Gabizon & Raz [19] によって与えられている.

参考文献

[1] Akavia, A., Goldwasser, S. and Safra, S., "Proving hard-core predicates using list decoding", in *Proc. the 44th IEEE Symposium on Foundations of Computer Science*, IEEE, 2003, pp.146-159.

[2] Alexi, W., Chor, B., Goldreich, O. and Schnorr, C.-P., "RSA and Rabin functions: Certain parts are as hard as the whole", *SIAM J. Comput.* **17**-2 (1988), pp.194-209.

[3] Alon, N., Goldreich, O., Håstad, J. and Peralta, R., "Simple construction of almost k-wise independent random variables", *Random Struct. Algorithms* **3**-3 (1992), pp.289-304.

[4] Barak, B., Impagliazzo, R. and Wigderson, A., "Extracting randomness using few independent sources", *SIAM J. Comput.* **36**-4 (2006), pp.1095-1118.

[5] Barak, B., Kindler, G., Shaltiel, R., Sudakov, B. and Wigderson, A., "Simulating independence: New constructions of condensers, ramsey graphs, dispersers, and extractors", *J. ACM* **57**-4 (2010), Article 20.

[6] Ben-Sasson, E. and Gabizon, A., "Extractors for polynomial sources over fields of constant order and small characteristic", *Theor. Comput.* **9** (2013), pp.665-683.

[7] Blum, M. and Micali, S., "How to generate cryptographically strong sequences of pseudo-random bits", *SIAM J. Comput.* **13**-4 (1984), pp.850-864.

[8] Bourgain, J., Glibichuk, A. and Konyagin, S., "Estimates for the number of sums and products and for exponential sums in fields of prime order", *J. London Math. Soc.* **73**-2 (2006), pp.380-398.

[9] Bourgain, J., "Multilinear exponential sums in prime fields under optimal entropy condition on the sources", *Geom. Funct. Anal.* **18**-5 (2009), pp.1477-1502.

[10] Boyar, J., "Inferring sequences produced by a linear congruential generator missing low-order bits", *J. Cryptol.* **1**-3 (1989), pp.177-184.

[11] Boyar, J., "Inferring sequences produced by pseudo-random number generators", *J. ACM* **36**-1 (1989), pp.129-141.

[12] Carter, L. and Wegman, M. N., "Universal classes of hash functions", *J. Comput. Syst. Sci.* **18**-2 (1979), pp.143-154.

[13] Chor, B., Goldreich, O., Håsted, J., Freidmann, J., Rudich, S. and Smolensky, R., "The bit extraction problem or t-resilient functions", In *Proc. the 26th Annual Symposium on Foundations of Computer Science*, IEEE, 1985,

pp.396-407.
[14] Chor, B. and Goldreich, O., "Unbiased bits from sources of weak randomness and probabilistic communication complexity", *SIAM J. Comput.* **17**-2 (1988), pp.230-261.
[15] Dedic, N., Reyzin, L. and Vadhan, S. P., "An improved pseudorandom generator based on hardness of factoring", in *Proc. the 3rd International Conference on Security in Communication Networks*, Lecture Notes in Computer Science **2576**, Springer, 2003, pp.88-101.
[16] Fischer, J.-B. and Stern, J., "An efficient pseudo-random generator provably as secure as syndrome decoding", in *Proc. EUROCRYPT 1996*, Lecture Notes in Computer Science **1070**, Springer, 1996, pp.245-255.
[17] Frieze, A. M., Håstad, J., Kannan, R., Lagarias, J. C. and Shamir, A., "Reconstructing truncated integer variables satisfying linear congruences", *SIAM J. Comput.* **17**-2 (1988), pp.262-280.
[18] Gabizon, A., Raz, R. and Shaltiel, R., "Deterministic extractors for bit-fixing sources by obtaining an independent seed", *SIAM J. Comput.* **36**-4 (2006), pp.1072-1094.
[19] Gabizon, A. and Raz, R., "Deterministic extractors for affine sources over large fields", *Combinatorica* **28**-4 (2008), pp.415-440.
[20] Gennaro:, R., "An improved pseudo-random generator based on discrete log", in *Proc. CRYPTO 2000*, Lecture Notes in Computer Science **1880**, Springer, 2000, pp.469-481.
[21] Guruswami, V., Umans, C. and Vadhan, S. P., "Unbalanced expanders and randomness extractors from Parvaresh-Vardy codes", *J. ACM* **56**-4 (2009), Article 20.
[22] Goldreich, O. and Levin, L. A., "A hard-core predicate for all one-way functions", in *Proc. the 21st ACM Symposium on Theory of Computing*, ACM, 1989, pp.25-32.
[23] Haitner, I., Reingold, O. and Vadhan, S. P., "Efficiency improvements in constructing pseudorandom generators from one-way functions", *SIAM J. Comput.* **42**-3 (2013), pp.1405-1430.
[24] Håstad, J., Impagliazzo, R., Levin, L. A. and Luby, M., "A pseudorandom generator from any one-way function", *SIAM J. Comput.* **28**-4 (1999), pp.1364-1396.
[25] Healy, A. D., "Randomness-efficient sampling within NC^1", *Comput. Complex.* **17**-1 (2008), pp.3-37.
[26] Holenstein, T., "Pseudorandom generators from one-way functions: A simple construction for any hardness", in *Proc. the 3rd Theory of Cryptography Conference*, Lecture Notes in Computer Science **3876**, Springer, 2006,

pp.443-461.
[27] Impagliazzo, R., Levin, L. A., and Luby, M., "Pseudo-random generation from one-way functions", in *Proc. the 21st Annual ACM Symposium on Theory of Computing*, ACM, 1989, pp.12-24.
[28] Impagliazzo, R. and Zuckerman, D., "How to recycle random bits", in *Proc. the 30th Annual IEEE Symposium on Foundations of Computer Science*, IEEE, 1989, pp.248-253.
[29] Impagliazzo, R. and Naor, M., "Efficient cryptographic schemes provably as secure as subset sum", *J. Cryptol.* **9**-4 (1996), pp.199-216.
[30] Kamp, J., Rao, A., Vadhan, S. P. and Zuckerman, D., "Deterministic extractors for small-space sources", *J. Comput. Syst. Sci.* **77**-1 (2011), pp.191-220.
[31] Kamp, J. and Zuckerman, D., "Deterministic extractors for bit-fixing sources and exposure-resilient cryptography", *SIAM J. Comput.* **36**-5 (2007), pp.1231-1247.
[32] Knuth, D. E., *The Art of Computer Programming, Volume 2: Seminumerical Algorithms (Third Edition)*, Addison Wesley, 1998.（邦訳）有澤誠・和田英一 監訳, 斎藤博昭・長尾高弘・松井祥悟・松井孝雄・山内斉 訳, アスキー, 2004.
[33] Krawczyk, H., "How to predict congruential generators", *J. Algorithms* **13**-4 (1992), pp.527-545.
[34] Kushilevitz, E. and Mansour, Y., "Learning decision trees using the Fourier spectrum", *SIAM J. Comput.* **22**-6 (1993), pp.1331-1348.
[35] Lagarias, J. C. and Reeds, J. A., "Unique extrapolation of polynomial recurrences", *SIAM J. Comput.* **17**-2 (1988), pp.342-362.
[36] L'Ecuyer, P. and Simard, R., "TestU01: A C library for empirical testing of random number generators", *ACM Trans. Mathematical Software*, **33**-4 (2007), Article 22.
http://www.iro.umontreal.ca/~simardr/testu01/tu01.html.
[37] Lee, C. -J., Lu, C.-J., Tsai, S. -C. and Tzeng, W. -G., "Extracting randomness from multiple independent sources", *IEEE Trans. Information Theory* **51**-6 (2005), pp.2224-2227.
[38] Lu, C.-J., Reingold, O., Vadhan, S. P. and Wigderson, A., "Extractors: optimal up to constant factors", in *Proc. the 35th ACM Symp. Theory of Computing*, ACM, 2003, pp.602-611.
[39] Mansour, Y., "Randomized interpolation and approximation of sparse polynomials", *SIAM J. Comput.* **24**-2 (1995), pp.357-368.
[40] Marsaglia, G., *DIEHARD*, http://stat.fsu.edu/pub/diehard.html
[41] Micali, S. and Schnorr C. -P., "Efficient, perfect polynomial random number generators", *J. Cryptol.* **3**-3 (1991), pp.157-172.

[42] Mitzenmacher, M. and Upfal, E., *Probability and Computing: Randomized Algorithms and Probabilistic Analysis*, Cambridge University Press, 2005. (邦訳)『確率と計算 乱択アルゴリズムと確率的解析』, 小柴健史・河内亮周 訳, 共立出版, 2009.
[43] Morillo, P. and Ráfols, C., "The security of all bits using list decoding", in *Proc. the 12th International Conference on Practice and Theory in Public Key Cryptography*, Lecture Notes in Computer Science **5443**, Springer, 2009, pp.15-33.
[44] Nisan, N., "Extracting randomness: How and why a survey", in *Proc. the 11th IEEE Conference on Computational Complexity*, IEEE, 1996, pp.44-58.
[45] Nisan, N. and Zuckerman, D., "Randomness is linear in space", *J. Comput. Syst. Sci.* **52**-1 (1996), pp.43-52.
[46] Nisan, N. and Ta-Shma, A., "Extracting randomness: A survey and new constructions", *J. Comput. Syst. Sci.* **58**-1, (1999), pp.148-173.
[47] Parvaresh, F. and Vardy, A., "Correcting errors beyond the Guruswami-Sudan radius in polynomial time", in *Proc. the 46th IEEE Symposium on Foundations of Computer Science*, IEEE, 2005, pp.285-294.
[48] Plumstead, J. B., "Inferring a sequence generated by a linear congruence", in *Proc. the 23rd IEEE Symposium on Foundations of Computer Science*, IEEE, 1982, pp.153-159.
[49] Radhakrishnan, J. and Ta-Shma, A., "Bounds for dispersers, extractors, and depth-two superconcentrators", *SIAM J. Discrete Mathematics* **13**-1 (2000), pp.2-24.
[50] Rao, A., "Extractors for low-weight affine sources", in *Proc. the 24th IEEE Conference on Computational Complexity*, IEEE, 2009, pp.95-101.
[51] Rao, A., "Extractors for a constant number of polynomially small min-entropy independent sources", *SIAM J. Comput.* **39**-1 (2009), pp.168-194.
[52] Raz, R., "Extractors with weak random seeds", in *Proc. the 37th ACM Symp. Theory of Computing*, ACM, 2005, pp.11-20.
[53] Reshef, Y. and Vadhan, S. P., "On extractors and exposure-resilient functions for sublogarithmic entropy", *Random Struct. Algorithms* **42**-3 (2013), pp.386-401.
[54] Rukhin, A., Soto, J., Nechvatal, J., Smid, M., Barker, E., Leigh, S., Levenson, M., Vangel, M., Banks, D., Heckert, A., Dray, J. and Vo, S., "A statistical test suite for random and pseudorandom number generators for cryptographic applications", NIST Special Publication 800-22, U.S. Department of Commerce/N.I.S.T., National Institute of Standards and Technology, 2000. *Revision 1a*, Bassham III, L. E., 2010.

[55] Santha, M. and Vazirani, U. V., "Generating quasi-random sequences from semi-random sources", *J. Comput. Syst. Sci.* **33**-1 (1986), pp.75-87.
[56] Shaltiel, R., "Recent developments in explicit constructions of extractors", in *Current Trends in Theoretical Computer Science, The Challenge of the New Century, Vol.1: Algorithms and Complexity*, World Scientific, 2004, pp.189-228.
[57] Shamir, Adi, "On the generation of cryptographically strong pseudorandom sequences", *ACM Trans. Comput. Syst.* **1**-1 (1983), pp.38-44.
[58] Stern, S., "Secret linear congruential generators are not cryptographically secure", in *Proc. the 28th IEEE Symposium on Foundations of Computer Science*, IEEE, 1987, pp.421-426.
[59] Vadhan, S. P., "Constructing locally computable extractors and cryptosystems in the bounded storage model", *J. Cryptol.* **17**-1 (2004), pp.43-77.
[60] Vadhan, S. P., *Pseudorandomness*, Foundations and Trends in Theoretical Computer Science, Vol.7:1-3, Now Publishers, 2012.
[61] Vadhan, S. P. and Zheng, C. J., "Characterizing pseudoentropy and simplifying pseudorandom generator constructions", in *Proc. the 44th ACM Symposium on Theory of Computing*, ACM, 2012, pp.817-836.
[62] Vadhan, S. P. and Zheng, C. J., "A uniform Min-Max theorem with applications in cryptography", in *Proc. CRYPTO 2013*, Lecture Notes in Computer Science **8042**, Springer, 2013, pp.93-110.
[63] von Neumann, J., "Various techniques used in connection with random digits", *Applied Math.*, Series 12, National Bureau of Standards, 1951, pp.36-38.
[64] Wigderson, A. and Xiao, D., "A randomness-efficient sampler for matrix-valued functions and applications", in *Proc. the 46th IEEE Symposium on Foundations of Computer Science*, IEEE, 2005, pp.397-406.
[65] Yao, A. C., "Theory and applications of trapdoor functions", in *Proc. the 23rd IEEE Symposium on Foundations of Computer Science*, IEEE, 1982, pp.89-91.
[66] Zuckerman, D., "Simulating BPP using a general weak random source", *Algorithmica* **16**-4/5 (1996), pp.367-391.
[67] Zuckerman, D., "Randomness-optimal oblivious sampling", *Random Structures and Algorithms* **11**-4 (1997), pp.345-367.
[68] Zuckerman, D., "Linear degree extractors and the inapproximability of max clique and chromatic number", in *Proc. the 38th ACM Symp. Theory of Computing*, ACM, 2006, pp.681-690.
[69] 伏見正則, 『乱数』(UP応用数学選書12), 東京大学出版会, 1989.
[70] 脇本和昌, 『乱数の知識』(初等情報処理講座5), 森北出版, 1970.

索引

ア 行

アフィンソース 133
一方向性関数 38
一方向性置換 42
一様 KL サンプリング予測困難 61
一様 KL 予測困難 61

カ 行

学習可能領域 105
Kullback-Leibler 情報量 57
擬似エントロピー 59
擬似乱数生成器 42
基本セグメント述語 113
近似 KL 射影 59
KL 射影 58
KL 予測器 60
計算量理論的識別困難 36
決定性抽出器 132
更新関数 8
Goldreich-Levin 定理 47
混成分布の議論 37

サ 行

最小エントロピー 59
指標 102
出力関数 8
条件付き擬似エントロピー 59
正規化 Hamming 距離 106
セグメント関数 120
セグメント述語 113
線形合同法 8

タ 行

Chebyshev の不等式 31
Chernoff 限界 32

ナ 行

次ビット予測困難 42
次ブロック擬似エントロピー 60
次ブロック擬似最小エントロピー 60
統計的距離 35
統計的識別困難 35

ナ 行

長さ正則 39
長さ保存 39
濃縮器 132

ハ 行

ハードコア関数 55
ハードコア述語 46
ハッシュ平滑化補題 140
ビット固定ソース 133
Fourier 凝縮 103
Fourier 表現 103
von Neumann の方法 130
平均エントロピー 59
Hoeffding 限界 32
包除原理 38

マ 行

Markov の不等式 31

ヤ 行

予測アルゴリズム 10

ラ 行

ランダム自己帰着 49
リスト復号可能 106
Rényi エントロピー 59

ワ 行

和集合上界 37

小柴健史

1967 年生まれ．2001 年 3 月，東京工業大学大学院情報理工学研究科数理・計算科学専攻博士後期課程を修了，博士（理学）．通信・放送機構の情報通信セキュリティ技術研究開発プロジェクト，科学技術振興機構の ERATO 今井量子計算機構プロジェクトに研究員として従事．2005年 4 月より埼玉大学工学部助教授，現在，同大学院理工学研究科准教授．統計数理研究所にて客員助教授／客員准教授（2006〜2009 年），パリ大学 LRI／LIAFA にて訪問研究員（2010〜2011 年）．著書に『量子暗号理論の展開』（共著；サイエンス社），訳書に『確率と計算——乱択アルゴリズムと確率的解析』（共訳；共立出版）．

シリーズ　確率と情報の科学

乱数生成と計算量理論

2014 年 11 月 27 日　第 1 刷発行

著　者　小柴健史（こしばたけし）

発行者　岡本　厚

発行所　〒101-8002　東京都千代田区一ツ橋 2-5-5　株式会社　岩波書店　電話案内 03-5210-4000
http://www.iwanami.co.jp/

印刷・法令印刷　カバー・半七印刷　製本・松岳社

© Takeshi Koshiba 2014　Printed in Japan　ISBN 978-4-00-006975-5

®〈日本複製権センター委託出版物〉　本書を無断で複写複製（コピー）することは，著作権法上の例外を除き，禁じられています．本書をコピーされる場合は，事前に日本複製権センター（JRRC）の許諾を受けてください．
JRRC　Tel 03-3401-2382　http://www.jrrc.or.jp/　E-mail jrrc_info@jrrc.or.jp

確率と情報の科学

編集：甘利俊一，麻生英樹，伊庭幸人
A5 判，上製，平均 240 ページ

確率・情報の「応用基礎」にあたる部分を多変量解析，機械学習，社会調査，符号，乱数，ゲノム解析，生態系モデリング，統計物理などの具体例に即して，ひとつのまとまった領域として提示する．また，その背景にある数理の基礎概念についてもユーザの立場に立って説明し，未知の課題にも拡張できるように配慮する．好評シリーズ「統計科学のフロンティア」につづく新企画．

《特 徴》
◎ 定型的・抽象的に「確率」「情報」を論じるのではなく具体的に扱う．
◎ 背後にある概念や考え方を重視し大きな流れの中に位置づける．

*赤穂昭太郎：カーネル多変量解析——非線形データ解析の新しい展開　　本体 3500 円
*星野崇宏：調査観察データの統計科学　　本体 3800 円
　　　　　　——因果推論・選択バイアス・データ融合
*久保拓弥：データ解析のための統計モデリング入門　　本体 3800 円
　　　　　　——一般化線形モデル・階層ベイズモデル・MCMC
*岡野原大輔：高速文字列解析の世界　　本体 3000 円
　　　　　　——データ圧縮・全文検索・テキストマイニング
*小柴健史：乱数生成と計算量理論　　本体 3000 円
　三中信宏：生命のかたちをはかる——生物形態の数理と統計学
　持橋大地：テキストモデリング——階層ベイズによるアプローチ
　鹿島久嗣：機械学習入門——統計モデルによる発見と予測
　小原敦美・土谷隆：正定値行列の情報幾何
　　　　　　——多変量解析・数理計画・制御理論を貫く視点
　池田思朗：確率モデルのグラフ表現とアルゴリズム
　田中利幸：符号理論と統計物理
　狩野　裕：多変量解析と因果推論——「統計入門」の新しいかたち
　田邉国士：帰納推論機械——確率モデルと計算アルゴリズム
　石井　信：強化学習——理論と実践
　伊藤陽一：マイクロアレイ解析で探る遺伝子の世界
　江口真透：情報幾何入門——エントロピーとダイバージェンス
　佐藤泰介・亀谷由隆：確率モデルと知識処理

* は既刊

岩波書店刊

定価は表示価格に消費税が加算されます
2014 年 11 月現在